AF357698

MANUEL

ÉLÉMENTAIRE ET PRATIQUE

D'AGRICULTURE

ET D'HORTICULTURE

MANUEL

ÉLÉMENTAIRE ET PRATIQUE

D'AGRICULTURE

ET D'HORTICULTURE

PAR M. DELSART

Professeur de l'enseignement spécial au lycée de Douai,
pourvu du certificat
d'aptitude aux fonctions d'inspecteur primaire.

Ouvrage qui a obtenu

UNE MÉDAILLE D'OR

de la Société centrale d'Agriculture du Nord.

Apprendre à l'enfance à aimer l'agriculture,
en même temps que lui en dévoiler les secrets,
c'est rendre aujourd'hui à son pays le plus utile
de tous les services. M. GRESSIER,
ancien ministre de l'Agriculture.

LIBRAIRIE DE J. LEFORT

IMPRIMEUR ÉDITEUR

LILLE | PARIS

rue Charles de Muyssart, 24 | rue des Saints-Pères, 36

AVERTISSEMENT

Le louable désir de propager au sein des campagnes les saines connaissances agricoles, afin d'y détrôner plus sûrement la routine, a déterminé la Société centrale d'agriculture du Nord à ouvrir, en 1869, un concours pour la composition d'un *Manuel*, TOUT A FAIT ÉLÉMENTAIRE, destiné à enseigner aux enfants des écoles primaires de l'arrondissement de Douai, la pratique de l'agriculture et de l'horticulture. Aux termes du programme, ce manuel doit, par son style simple et concis, se trouver en rapport avec la condition et la culture intellectuelle des jeunes intelligences auxquelles il est destiné.

Nous avons essayé, par les humbles pages que nous publions aujourd'hui, de satisfaire au vœu de la Société. Sans doute, il existe de bons ouvrages sur la matière qui nous occupe ; mais presque tous manquent en partie leur but en embrassant toutes les régions si diverses de la France, tandis que chaque département aurait besoin d'un petit traité approprié à son sol et à son genre de culture. Souvent encore, ces ouvrages ont un autre tort non moins grave, bien que tous s'en défendent fort : c'est qu'ils sont beaucoup trop savants pour les enfants de nos villages et les petits cultivateurs pour lesquels la durée des études se compte plutôt par mois que par années, et qui, même dans ce court espace de temps, ont tant d'autres connaissances également indispensables à acquérir. A des lecteurs aussi peu expérimentés un livre d'agriculture ne peut être réellement profitable que s'il est d'une lecture facile et agréable, sans prétention aucune au beau style et à la science des grands mots.

Pénétré de ces idées, nous avons tout d'abord spécialisé notre travail en le restreignant au département du Nord, et même, primitivement, il ne comprenait que l'arrondissement de Douai, conformément au programme du concours ; depuis, il nous a suffi d'y intercaler quelques pages pour le rendre applicable au Nord tout entier. En même temps, selon le vœu si sage de la Société, nous en avons exclu rigoureusement tous les termes scientifiques. Nous avons même employé quelquefois de préférence, pour désigner certaines choses, les noms usités dans les campagnes plutôt que d'autres peut-être plus français, mais souvent incompris et peu ou point retenus parce qu'ils ne font pas partie du vocabulaire dont on se sert au village.

Afin de répondre de notre mieux aux besoins des populations agricoles, au milieu desquelles nous avons vécu et que nous voyons fréquemment encore de près, nous avons divisé notre Manuel en trois parties, la première traitant de l'*Agriculture*, la seconde, de l'*Horticulture*, et la troisième présentant des conseils sur la *Tenue intérieure de la ferme*.

Nous ne parlerons pas ici des deux premières parties ; ce n'est qu'en les parcourant qu'on pourra se faire une idée juste de la marche suivie. Nous dirons seulement qu'en les écrivant, nous avons cherché à nous tenir également éloigné d'une brièveté excessive comme de la prolixité. Le premier défaut amenait avec lui la sécheresse et l'obscurité qui rebutent les enfants ; le second, en noyant les choses utiles dans une foule de détails secondaires, rendait l'ouvrage impropre aux écoles rurales en le faisant diffus et trop volumineux. Chacune de ces deux parties est suivie d'un *calendrier* destiné à remettre en mémoire au cultivateur ou à l'horticulteur les principaux travaux de l'année, et, dans certains cas, à lui suggérer les précautions à prendre pour le bon entretien de ses terres ou la conservation de ses produits.

Quant à la troisième partie, l'utilité n'en sera pas contestée par quiconque a vu la négligence déplorable qui règne dans un très-grand nombre d'habitations rurales, spécialement dans celles de moindre importance, là même où sont appelés à vivre les lecteurs de ce Manuel. Tout ce qui concerne l'hygiène et la nourriture des personnes et des bestiaux, le choix raisonné des animaux domestiques, la laiterie, la disposition des bâtiments de la ferme, etc., y a été traité avec autant de soin que de clarté et de concision. C'est dans cette troisième partie également que nous avons cru utile d'attirer l'attention des enfants sur l'importance d'une bonne comptabilité agricole, simplement mais exactement tenue. Elle est nécessaire au fermier qui veut être constamment au courant de sa situation, et d'ailleurs elle demandera peu de temps et de savoir à ceux qui se conformeront aux données élémentaires de ce livre.

Enfin l'ouvrage se termine par un *Appendice* contenant le modèle des principaux actes sous seing privé en usage dans les campagnes, tels que baux, billets à ordre, etc. Le cultivateur peu lettré est souvent embarrassé pour la rédaction de ces sortes d'écrits : en recourant à notre petit formulaire, il ne sera pas obligé de faire connaître ses affaires à personne.

Voilà de quelle façon nous avons compris la composition du Manuel mis au concours. Pour l'écrire, nous n'avions pas à faire œuvre d'imagination : notre rôle, plus modeste, se bornait à rechercher et à signaler les bonnes pratiques agricoles, c'est-à-dire celles qui ont pour elles l'expérience et l'autorité des hommes les plus compétents. La Société Centrale d'agriculture du Nord, en honorant notre travail de la médaille d'or de 200 francs, promise au meilleur mémoire, a bien voulu déclarer que nous avions touché le but. Puissent nos lecteurs confirmer un jugement si flatteur pour nous !

PREMIÈRE PARTIE

—

AGRICULTURE

2

AGRICULTURE

CHAPITRE PREMIER

Notions préliminaires. — Nature du sol dans l'arrondissement de Douai.

L'agriculture consiste à donner aux champs les soins nécessaires pour leur faire produire les plantes utiles à l'homme soit pour lui-même, soit pour la nourriture des animaux domestiques qui l'aident dans ses travaux.

La profession de cultivateur est la plus ancienne et la plus utile de toutes, car c'est celle qui fournit à notre subsistance.

C'est aussi une des plus belles et des plus avantageuses puisqu'elle permet de voir et d'admirer tous les jours les œuvres de Dieu, de respirer sans cesse un air pur et fortifiant, et enfin de mener à la campagne une vie simple, paisible et heureuse.

Pour bien cultiver la terre, c'est-à-dire en savoir obtenir les meilleures productions possibles, il faut, avant tout, se rendre compte de la composition du sol, car chaque espèce de terrain exige des soins à part.

Le sol est la couche superficielle des champs. Il est ordinairement d'une couleur noirâtre due à son mélange avec les débris des plantes qu'il a produites et avec les engrais qu'on y a enfouis. Ces débris de plantes et ces engrais bien décomposés et intimement combinés à la terre proprement dite, s'appellent *humus*. Plus un sol renferme de cet humus, plus il est fertile.

Il y a quatre choses principales qui, seules ou mélangées ensemble et avec l'*humus*, composent les terres, ce sont : l'argile, la craie, le sable et la tourbe. De là, suivant la chose qui domine, quatre espèces de terrains que l'on rencontre dans l'arrondissement de Douai, savoir : 1° terrains argileux ; 2° terrains crayeux ; 3° terrains sablonneux ; 4° terrains tourbeux.

I. Terrains argileux.

Les terrains argileux sont ceux qui sont composés en grande partie d'argile. Ils sont gras, compactes dans les temps de pluie, durs dans les temps de sécheresse, ce qui rend leur culture difficile.

Ces terrains se rencontrent principalement aux environs d'Orchies et un peu aussi du côté de Masny et de Somain.

II. Terrains crayeux.

Les terrains crayeux sont ceux qui sont composés en grande partie de craie. Ils sont d'une couleur blanchâtre, faciles à mettre en poussière et secs parce que l'eau y est très-vite absorbée.

Ces terrains se rencontrent principalement aux environs d'Esquerchin, Fressain, Féchain, et un peu aussi du côté de Masny et de Somain.

III. Terrains sablonneux.

Les terrains sablonneux sont ceux qui sont composés en grande partie de sable. Ils sont légers, se divisent sans effort et ne retiennent pas l'eau. Le travail en est facile.

Ces terrains se rencontrent principalement aux environs de Flines, Raches et Montigny.

IV. Terrains tourbeux.

Les terrains tourbeux sont ceux qui sont composés en grande partie des débris de certaines plantes, accumulés à la surface des sols marécageux et convertis en une substance particulière nommée tourbe. Ils sont noirâtres, fibreux, spongieux et d'une culture difficile.

Ces terrains se rencontrent principalement dans le voisinage des marais de Dechy, Marchiennes, Lallaing, Sin, Waziers, Flers, Arleux, Lécluse, Brunémont, et quelque peu du côté de Somain.

CHAPITRE DEUXIÈME

Nature du sol dans les arrondissements du Nord, autres que celui de Douai.

ARRONDISSEMENT DE DUNKERQUE. — Tout le littoral de cet arrondissement est occupé par des dunes ou amas de sable formés par la mer. Les terres qui avoisinent ces dunes sont toutes plus ou moins sablonneuses, surtout aux environs de Loon et de Petite-Synthe. A partir du fort Philippe jusqu'à Grande-Synthe, le sol présente l'aspect d'une excellente argile marneuse. D'ailleurs, le canal de la Colme établit deux divisions bien distinctes. Au nord de ce canal, c'est le *pays à Watteringues*, qui tire son nom des canaux de desséchement qu'on y entretient; les terres s'y composent d'un sable plus ou moins fertile et d'une argile blanchâtre.

Au sud de la Colme, c'est un sol composé

d'une argile jaunâtre ou rougeâtre, et les communes y offrent souvent le mélange des deux natures de terre.

ARRONDISSEMENT D'HAZEBROUCK. — Le sol de cet arrondissement offre peu de variétés ; il est formé d'une excellente terre argileuse propre à toutes les récoltes. Pourtant, à la descente du coteau sur lequel est bâtie la ville de Cassel, on rencontre, aux environs de Noordpeene, une glaise froide et tenace, très-rebelle à la culture.

ARRONDISSEMENT DE LILLE. — La vaste plaine qui constitue cet arrondissement présente une excellente terre argilo-sablonneuse que les engrais et une direction intelligente ont amenée au plus haut degré de fertilité. En bien des endroits, la couche végétale atteint jusqu'à 65 centimètres de profondeur ; la glaise existe aux environs de Mons-en-Pévèle et de Phalempin.

ARRONDISSEMENT DE VALENCIENNES. — Les cantons de Condé et de Saint-Amand sont, en général, sablonneux, mais l'humidité du sous-sol maintient une fraîcheur bienfaisante dans les couches supérieures. Aux environs de Valenciennes, on rencontre une excellente argile peu compacte qui se continue presque sans interruption depuis Onnaing, Saint-Saulve, Famars, jusqu'à Haspres, Noyelle, Bouchain et Denain.

ARRONDISSEMENT DE CAMBRAI. — On y trouve une argile sablonneuse très-favorable à la culture, et la couche végétale s'y distingue encore par sa profondeur. En descendant vers l'est, on aperçoit la craie qui affleure à la surface du sol ; elle apparaît principalement sur la rive droite du torrent de l'Erclin, et depuis Cambrai jusqu'au Catelet. Non loin du chef-lieu, la couche crayeuse s'interrompt pour faire place au plateau argileux que couronne le village de Béthencourt ; elle reparaît ensuite en montant la côte qui conduit à Viesly, ainsi qu'aux environs du Cateau et de Solesmes. Toutefois, c'est le sol argilo-sablonneux qui occupe la plus grande partie de cet arrondissement.

ARRONDISSEMENT D'AVESNES. — Le terrain y est beaucoup moins fertile que celui des autres arrondissements. Pourtant, au nord-ouest de la Sambre, les terres ont encore plus ou moins les qualités du sol argilo-sablonneux ; mais à mesure qu'on s'éloigne de cette rivière pour s'enfoncer vers le sud-est, on ne rencontre guère qu'une glaise froide et tenace ou des roches schisteuses recouvertes d'une couche végétale de quelques millimètres à peine. Presque tout l'arrondissement est couvert de pâtures et de prairies naturelles qui donnent un très-bon foin, produit d'autant plus avantageux qu'il serait difficile d'obtenir d'autres récoltes d'un sol de cette nature.

CHAPITRE TROISIÈME

Amélioration des terres par les amendements.

Les terrains dans lesquels domine considérablement soit l'argile, soit la craie, soit le sable, soit la tourbe, ne peuvent être cultivés avec profit tels qu'ils sont. L'expérience a démontré, en effet, que les terres donnant les plus belles récoltes sont celles qui sont composées à peu près également des trois premières choses (argile, craie et sable), mêlées à une bonne dose d'humus. De là, nécessité pour tout cultivateur intelligent et soigneux de ses intérêts, de chercher à corriger, à faire disparaître les mauvaises qualités de ses terres, en un mot, à les AMENDER, ce qui veut dire les *améliorer*. Les substances qu'on y ajoute dans ce but portent le nom d'AMENDEMENTS.

I. Amélioration des terrains argileux.

Les terrains argileux s'améliorent beaucoup en y mêlant de la chaux, de la marne sablonneuse et crayeuse, du sable ou des cendres. La tourbe, soit seule, soit unie à la chaux, sous forme de compost, est aussi très-bonne pour cet usage. Il en est de même des déblais de terre légère que l'on pourrait avoir à sa disposition.

Ces divers amendements doivent être répandus le plus également possible en même temps que le fumier, avant les semailles de l'automne ou celles du printemps, et recouverts par un léger labour. La chaux et la marne, avant de servir, sont déposées en petits tas sur les champs à chauler ou à marner, afin d'être réduites en poudre par l'action de l'air et de l'humidité. On revêt les tas de chaux d'une petite couche de terre pour les mettre à l'abri du vent.

La quantité de chaux à employer, variable selon que le sol est plus ou moins argileux, peut aller jusqu'à 100 et 150 hectolitres par hectare, avec un labour profond de 15 centimètres. Dans les mêmes conditions, la quantité de marne, peut atteindre 100 mètres cubes par hectare.

On reconnaît l'utilité d'un nouveau chaulage, lorque les grains récoltés sont moins gros et leur écorce plus épaisse que précédemment. On reconnaît de même l'utilité d'un nouveau marnage lorsque les récoltes sont moins bonnes et que les plantes nuisibles disparues par l'effet du premier marnage reparaissent. La quantité de marne, pour cette seconde opération, doit être la moitié seulement de celle qui a été employée la première fois.

II. Amélioration des terrains crayeux.

Les terrains crayeux s'améliorent en y mêlant

de l'argile et de la tourbe. Ces deux amendements sont d'abord déposés en tas, puis répandus le plus également possible, sur toute la surface du champ. Le mélange se fait par un bon
labour.

III. Amélioration des terrains sablonneux.

Les terrains sablonneux s'améliorent surtout en
y ajoutant de l'argile ou de la marne argileuse. Une quantité modérée de chaux mélangée
soit avec des gazons, soit avec de la tourbe,
est aussi très-propre à cet usage.

IV. Amélioration des terrains tourbeux.

Les terrains tourbeux s'améliorent en y mêlant beaucoup de chaux, de l'argile, du sable
ou des cendres de bois, de charbon et de tourbe.
Un autre moyen bien simple et aussi très-
bon, consiste à détacher à la bêche ou à la
charrue, les gazons produits par le sol tourbeux,
à les ramasser en tas, puis, quand ils sont secs,
à y mettre le feu. On a ainsi sur place une
grande quantité de cendres.

V. Amélioration des terres par le plâtre.

Le plâtre, qui est une sorte de pierre blanche
cuite et réduite en poudre, est aussi d'un excellent usage pour améliorer les terres et en
accroître notablement la fertilité. Il produit sur-

tout des effets remarquables sur les champs destinés aux plantes fourragères, telles que le trèfle, le sainfoin et la luzerne.

Le célébre Américain Benjamin Franklin, voulant prouver dans ce cas la grande efficacité du plâtre, en fit répandre sur un champ de trèfle, de manière à tracer les mots suivants : *Ceci a été plâtré.* Le trèfle poussa en cet endroit avec une vigueur telle qu'il dépassa en hauteur celui d'à côté, en sorte que les mots précédemment lisibles en plâtre, étaient alors parfaitement formés avec du trèfle magnifique.

On emploie ordinairement de 250 à 350 kilogrammes de plâtre par hectare.

CHAPITRE QUATRIÈME

Sous-sol.

Immédiatement au-dessous de la couche de terre cultivable, se trouve une autre couche souvent d'une nature toute différente que l'on nomme sous-sol. La surface en est naturellement durcie par le passage répété du talon de la charrue. Il importe donc, de temps à autre, de rompre cette croûte avec une charrue sans versoir, appelée fouilleuse, afin que les eaux puissent y pénétrer et ne pas séjourner dans la couche cultivable, dont la fertilité diminuerait par un excès d'humidité.

En outre, il faut remarquer que lorsque le sous-sol est d'une bonne composition, il s'enrichit peu à peu d'engrais que l'eau y entraîne en le traversant. Dans ce cas, il est profitable de le mêler de loin en loin à la terre cultivée par un profond labour. Il peut même notablement améliorer celle-ci lorsqu'elle est argileuse, par exemple, et qu'il est sablonneux.

CHAPITRE CINQUIÈME

**Desséchement et assainissement des terres humides
par le drainage.**

Il arrive souvent que le sous-sol et même les couches plus inférieures encore sont tellement compactes que les eaux de pluie ne peuvent s'y frayer un passage, et inondent alors la surface cultivée au grand détriment de sa fertilité. Il est, dans ce cas, de la dernière importance de remédier à ce fâcheux état de choses, et pour cela il existe un excellent moyen : c'est d'établir des conduits souterrains qui recueillent les eaux surabondantes et les écoulent au loin. Ces conduits s'exécutent à l'aide de *tuyaux cylindriques* en terre cuite, placés bout à bout et réunis par des colliers ; l'eau y pénètre par les interstices qui existent entre eux. Ils doivent être construits selon la pente du terrain et à une profondeur moyenne de 1 mètre 25 centimètres. A cet effet, on ouvre des fossés larges en haut de 40 à 50 centimètres, mais qui vont toujours en se rétrécissant. On pose les tuyaux au fond, puis on les recouvre de terre, et le travail est terminé. On donne à cette opération le nom de *drainage*, mot anglais qui signifie *assainissement des terres*.

Parmi les conduits établis, les uns portent directement leurs eaux hors de la pièce de terre : ce sont les principaux, et ils doivent être composés de tuyaux larges de 6 à 8 centimètres. Les autres, larges seulement de 3 à 5 centimètres, communiquent simplement avec les premiers et y déversent leur contenu.

La distance entre les conduits est variable selon la composition du sous-sol. Si celui-ci est argileux, les eaux le pénètrent difficilement, et l'espacement doit alors varier de 6 à 8 mètres ; pour un sous-sol moins compacte, l'espacement peut être de 12, 15 et 20 mètres.

On reconnaît en général qu'une terre a besoin d'être desséchée et assainie de la manière qui vient d'être exposée, en un mot, d'être *drainée*, lorsque des sources y jaillissent en abondance ou quand les eaux de pluie et de la fonte des neiges y séjournent répandues en flaques çà et là sur la surface de la couche cultivée. Les terrains argileux et tourbeux profitent particulièrement de cette opération, après laquelle il n'est pas rare d'en voir la fertilité plus que doublée.

CHAPITRE SIXIÈME

Engrais.

S'il est sage et profitable d'améliorer la composition du sol pour en favoriser et développer la fécondité, ce n'est pourtant pas suffisant. Il faut de plus enrichir ce sol de la nourriture que la plante réclame comme tout être vivant pour subsister et croître. On y parvient par les engrais.

Les engrais sont très-nombreux, et la plupart, bien qu'excellents, ne coûtent que la peine d'être recueillis. Malheureusement, l'ignorance encore plus que l'insouciance fait qu'on les néglige ou qu'on ne les emploie qu'à moitié gâtés. Nous allons les passer successivement en revue en indiquant succinctement les soins dont ils doivent être l'objet.

I. Fumiers.

Les fumiers sont les engrais les plus communément employés et les plus avantageux de tous. Ils sont formés des excréments et des urines des animaux domestiques, mélangés aux débris des plantes qui leur ont servi de litières. Les moutons, les chevaux, les porcs et les bêtes à cornes sont les principaux producteurs de ces fumiers qui n'ont pas tous la même valeur, et sur la qualité desquels influe en outre la nourriture bonne ou mauvaise des bestiaux.

Notons ici que tout fermier qui veut pouvoir fumer convenablement ses terres, doit posséder une tête de gros bétail ou 10 moutons par hectare cultivé.

FUMIER DE MOUTON.

Le fumier de mouton est le meilleur de tous; il convient surtout aux terres argileuses ou tourbeuses et à toutes celles qui doivent produire du colza ou de l'œillette.

Les excréments de mouton, secs et compactes, ont besoin, lorsqu'ils sont réunis en tas, d'être arrosés fréquemment de purin, afin de faciliter leur liaison avec la litière.

Le parcage des moutons est un très-bon moyen d'utiliser cet engrais.

FUMIER DE CHEVAL.

Le fumier de cheval est aussi un excellent engrais, surtout s'il pouvait toujours être employé à l'état frais. Plus il séjourne en tas, plus il perd de ses propriétés fertilisantes ; aussi faut-il le faire servir, autant que possible, tous les trois ou quatre mois. Il est très-bon de le plâtrer ou de l'arroser souvent avec du purin ou des excréments humains délayés dans l'eau où ils entrent dans la proportion d'un huitième.

FUMIER DE PORC.

Le fumier de porc vient en valeur après les deux précédents. Il est surtout d'un bon emploi pour les prairies sur terrain argileux, mais il est nuisible aux plantes à cosses, telles que les fèves, et aux pommes de terre auxquelles il donne un goût âcre et repoussant.

FUMIER DES BÊTES A CORNES.

Le fumier des bêtes à cornes est celui qui, par sa nature plus molle, se lie le mieux aux litières, mais il vaut moins que les trois précédents. Il convient plus particulièrement aux terrains sablonneux et crayeux. Cependant un cultivateur qui aurait beaucoup de terres argileuses pourrait y utiliser cet engrais avec succès, pourvu de l'arroser plusieurs fois par mois avec du purin dans lequel il aurait délayé des excréments humains. Ce fumier, ainsi préparé, convient à toutes les plantes excepté pourtant à celles qui sont cultivées pour leurs racines, telles que la betterave et la carotte, qui en recevraient un mauvais goût.

LITIÈRES.

Le choix des litières est très-important, car elles sont pour beaucoup dans les propriétés fertilisantes du fumier. Voici donc l'ordre de préférence dans lequel il faut employer celles dont on peut faire usage dans le département du Nord :

1° Tiges de colza.
2° — de fèves.
3° Paille d'orge.
4° — de blé.
5° — de seigle.
6° — d'avoine.

On voit que les pailles de blé, de seigle et d'avoine sont celles qui donnent le moins bon fumier. Il vaut donc mieux les réserver pour la nourriture des bestiaux qui les rendent d'ailleurs, bientôt après, transformées en engrais.

L'épaisseur des litières doit être en proportion de l'abondance des urines ; ainsi les chevaux en exigent moins que les bêtes à cornes, tandis que les porcs en réclament une plus forte quantité que ces dernières.

Lorsque le cultivateur a une provision insuffisante de litière, il peut, comme en Angleterre, en Suisse et en Allemagne, y suppléer en couvrant le sol des écuries d'une couche de terre de 12 à 15 centimètres d'épaisseur, puis, lorsqu'elle est bien imprégnée d'urines et d'excréments, il la revêt d'une nouvelle couche de 5 à 6 centimètres. Au bout de trois ou quatre opérations semblables, il enlève ce terreau, le mélange bien et le met en tas : c'est un des meilleurs engrais qu'il puisse employer.

DÉPÔT DE FUMIERS DANS LES COURS.

Les fumiers, en attendant leur transport dans les champs, doivent être déposés dans des endroits préparés soigneusement pour cette destination, si l'on veut leur conserver leurs bonnes qualités. A cet effet, on choisit un emplacement à l'abri du grand air, du soleil et des eaux de gouttières ; on le revêt d'une épaisse couche d'argile bien battue pour que les urines ne puissent se perdre dans la terre et on y dépose le fumier en tas. Lorsqu'on cultive des champs de diverses compositions, argileux, sablonneux, etc., il est bon, si l'on a beaucoup de bestiaux, de faire des tas séparés pour les chevaux, les bêtes à cornes et les moutons dont les produits ont, comme on l'a vu, une valeur et des propriétés différentes.

Il faut avoir soin de donner à l'emplacement choisi, une pente suffisante pour que les urines, au lieu de se perdre de tous côtés, s'écoulent dans une fosse creusée à l'un des angles inférieurs du tas. Le fond et les parois de cette fosse doivent être également garnis d'argile fortement battue, et c'est là qu'on puise, soit au moyen d'une pompe, soit avec des seaux, le purin dont on arrose fréquemment le tas. Il est nécessaire de déposer dans la fosse environ 80 grammes de plâtre en poudre par hectolitre d'urine, afin de conserver à celle-ci ses propriétés fertilisantes.

TRANSPORT ET EMPLOI DES FUMIERS.

Les fumiers doivent séjourner le moins possible dans les fermes, si l'on veut qu'ils ne perdent pas une bonne partie de leurs propriétés fertilisantes. En outre, l'usage malheureusement trop fréquent de laisser le fumier longtemps exposé dans les champs par petits tas, diminue considérablement sa qualité. Il faut l'éparpiller et l'enfouir immédiatement après son transport. La quantité à employer varie selon les plantes; en moyenne, trente voitures suffisent par hectare.

Le fumier long, c'est-à-dire celui où la litière n'est pas encore très-divisée, convient particulièrement aux terres argileuses qu'il rend moins compactes en les soulevant; il est également bon pour les plantes qui, comme le blé, demeurent longtemps en terre.

Le fumier court, au contraire, vaut mieux pour les terres légères, c'est-à-dire celles où le sable domine ; il est encore préférable pour les plantes qui, comme la betterave, restent peu en terre.

II. Excréments des pigeons et des poules. — Guano.

Les excréments des pigeons d'abord, et ensuite ceux des poules, sont d'excellents engrais dont le cultivateur ne peut malheureusement disposer qu'en petite quantité. On les emploie avec le plus grand succès dans la culture du lin, du chanvre et du colza.

Pour utiliser cet engrais dans de bonnes conditions, il faut nettoyer les pigeonniers et les poulaillers au moins une fois par mois, en déposer le produit sur une couche de terre et le recouvrir d'une autre couche de terre sur laquelle, au prochain nettoyage, on renouvellera la même opération, et ainsi de suite. Cet engrais, préparé de la sorte, vaut deux fois plus que s'il était abandonné à lui-même pendant toute l'année.

Le guano est de même nature que les deux précédents engrais et convient particulièrement aux mêmes plantes. Il se compose d'excréments, de plumes et d'ossements d'oiseaux de mer, accumulés depuis des centaines d'années sur les côtes du Pérou et d'autres pays de l'Amérique. Il est d'une qualité supérieure, mais il faut se méfier des falsifications dont il est l'objet dans le commerce. On estime que 400 kilogrammes de guano suffisent pour fumer un hectare. Lorsqu'il s'agit de plantes qui doivent rester longtemps en terre, comme le blé, il est préférable et plus économique d'employer cet engrais mélangé par parties égales, avec du plâtre ou des cendres ; l'effet en est ainsi plus durable. On enfouit ce mélange quelques jours seulement avant les semailles.

III. Excréments humains.

Les excréments humains sont un des meilleurs engrais qui existent, et ils ne coûtent souvent que le soin de les réunir et de les employer. Ils conviennent à toutes les plantes, mais spécialement à celles qui demeurent peu en terre, comme le lin. Le cultivateur intelligent doit, surtout lorsqu'il habite près d'une ville, s'empresser d'en recueillir le plus possible. Dans la ferme, il est préférable, pour faciliter le transport de cet engrais, de faire consister les latrines en une caisse carrée en tôle, munie de quatre roues et d'un timon. On en désinfecte le contenu en y mêlant de la poudre de charbon et, au moment de l'utiliser, on achève de le rendre plus liquide en y ajoutant de l'urine. Cela fait, on le répand trèségalement sur le champ au moyen de robinets placés à l'arrière et au bas de la caisse que traîne un cheval au pas régulier des labours. Cet engrais doit être enfoui immédiatement à une profondeur de 12 à 15 centimètres, et l'ensemencement peut avoir lieu huit ou dix jours après. Les excréments humains sont employés à raison de 4 mètres cubes par hectare.

Dans le commerce on les vend aussi desséchés et pulvérisés, sous le nom de poudrette.

IV. Noir animal.

On désigne sous le nom de noir animal un mélange d'os brûlés et de sang ayant servi à clarifier le sucre dans les raffineries. Cet engrais convient spécialement au seigle et à l'avoine. Il faut se méfier des falsifications dont il est l'objet dans le commerce.

V. Boue des rues.

La boue des rues et principalement celle des villes, ramassée chaque matin après le balayage des maisons, est un engrais employé avantageusement pour la fumure des terres argileuses et humides. Le bon effet qu'il produit se fait ressentir pendant quatre ans environ. Avant de l'utiliser, on le laisse en tas pendant cinq ou six mois, en ayant soin de mêler à chaque couche quelques litres de plâtre pour l'empêcher de perdre ses propriétés fertilisantes.

VI. Suie.

La suie est classée parmi les meilleurs engrais et elle a, de plus, la propriété d'éloigner certains insectes qui, comme les pucerons, font un grand tort aux jeunes plantes au printemps. Elle convient spécialement aux terrains crayeux et donne des résultats remarquables quand on l'applique au colza ou à l'œillette. La quantité à employer est au moins de 30 hectolitres par hectare.

VII. Compost.

On désigne sous le nom de compost un mélange parfait de diverses matières fertilisantes recueillies çà et là dans la ferme ou dans les environs. Telles sont les boues retirées des fossés et des mares, les débris de plantes, la sciure de bois, les cendres, les chiffons de laine, les écailles d'huîtres ou de moules, les râpures de cornes, les plumes des volailles, la chair, le sang et les os des animaux morts, etc. On y entremêle ordinairement du plâtre, et on arrose le tout de temps à autre avec du purin. Au bout de quelques mois de séjour en tas sur un emplacement bien sec, c'est un excellent engrais à employer. On l'utilise principalement et avec le plus grand succès pour en couvrir au printemps les trèfles, les sainfoins et les luzernes. La fertilité de la terre ainsi fumée, s'en ressent souvent huit ou dix ans.

VIII. Tourteaux.

Les tourteaux sont le résidu des graines dont on a extrait de l'huile, telles que le colza et le lin. Bien qu'on les utilise fréquemment pour la nourriture des bestiaux, ils n'en sont pas moins un très-riche engrais. Ils conviennent principalement aux terres destinées à la production des plantes oléagineuses, et dans ce cas, on emploie de préférence des tourteaux provenant de l'espèce même que l'on veut ensemencer. Cet engrais donne aussi les meilleurs résultats pour la culture du blé. On l'applique à la dose de 2,500 à 3,000 kilogrammes par hectare.

IX. Urines.

Les urines ont de grandes propriétés fertilisantes, puisqu'on a apprécié qu'un kilogramme d'urine représente un kilogramme de blé. Il est donc très-important de les recueillir et de les utiliser. Celles des personnes de la ferme peuvent être déposées dans un tonneau, servant d'urinoir, que l'on vide soit à divers endroits du fumier soit dans la fosse à purin. Quant à celles qui s'écoulent des litières des animaux, elles doivent être dirigées vers cette fosse au moyen de rigoles pratiquées derrière les bestiaux.

On a calculé que la production d'urine dans une année s'élève en moyenne :

    Pour une personne, à   228 litres.
    Pour un cheval,   à   485   —
    Pour une vache,   à 2,993   —

Ainsi, dans une ferme où résident six personnes, quatre chevaux et quatre vaches, on peut disposer annuellement de 150 hectolitres d'urine. Cet engrais, employé seul, produit des résultats immédiats mais de courte durée, quatre ou cinq mois au plus ; il faut donc l'utiliser de préférence pour les plantes restant peu en terre, comme le lin, qui gagne beaucoup à en être arrosé au moment de ses premières feuilles.

X. Engrais verts.

On désigne sous le nom d'engrais verts les plantes enfouies dans la terre même qui les a produites. Cette opération équivaut à une demi-fumure. Le colza, la cameline et la vesce, semés très-dru à la dérobée aussitôt l'enlèvement d'une première récolte, et principalement la troisième coupe de trèfle, sont les plantes que l'on enfouit ordinairement après les avoir fauchées. Obtenu ainsi entre deux récoltes, cet engrais ne dérange en rien l'ordre des cultures. Il convient surtout aux terres sèches qu'il rafraîchit.

CHAPITRE SEPTIÈME

Instruments servant à l'agriculture [1].

Le cultivateur, soit pour préparer la terre à recevoir les semences, soit pour donner ses soins aux plantes qui poussent, les recueillir quand elles sont mûres et en tirer parti, a besoin d'instruments appropriés à sa profession. Ces instruments sont bien connus pour la plupart des populations du département du Nord, et l'étude de leur maniement est complétement du ressort de la pratique. Tels sont, par exemple, la herse, le rouleau, la rasette, la bêche, le chariot, la charrette, le tombereau, le fléau, le tarare appelé plus communément moulin, etc. Mais pour plusieurs autres assez sujets à être mal construits ou peu répandus encore, il ne sera pas inutile de présenter ici quelques courtes observations.

I. Binot.

La charrue appelée binot dans presque tout le Nord se meut sur deux roues dont elle est

---

[1] L'instituteur fera voir dans la commune ou aux environs les instruments qui pourraient être moins connus des élèves. Cela sera presque toujours possible et vaudra infiniment mieux que les descriptions plus ou moins obscures contenues dans les livres.

munie à sa partie antérieure. Outre le corps du binot, qui est une grosse tige de bois horizontale, terminée en arrière par une queue oblique servant à diriger l'instrument, les autres pièces essentielles en sont le soc, le versoir et le coutre. Avec cette charrue, on creuse des sillons au moyen du coutre qui entame et du soc qui soulève des bandes de terre que le versoir retourne et dépose dans la raie précédente.

II. Brabant.

Le brabant, ainsi appelé du nom de la province de Belgique d'où il est originaire, est une charrue qui diffère du binot en ce qu'elle n'a pas comme lui de roues à sa partie antérieure et que le soc, plus développé, ne fait qu'un avec le versoir. Le brabant est construit le plus souvent tout en fer et terminé en arrière par deux mancherons que tient le laboureur pour le diriger. On le considère généralement comme préférable au binot parce qu'il permet de régler plus facilement la profondeur du sillon.

Depuis quelque temps, beaucoup de cultivateurs ont adopté un autre genre de brabant à double versoir, appelé *jumelle*, dont ils font le plus grand éloge.

III. Charrue fouilleuse.

La charrue fouilleuse sert à briser et à diviser la croûte du sous-sol dans les cas indiqués au chapitre quatrième. Elle diffère surtout des précédentes en ce qu'elle est privée de versoir afin de ne pas ramener à la surface la terre du sous-sol, quand celui-ci est de mauvaise qualité.

On se sert de la fouilleuse en lui faisant suivre la même raie tracée d'abord par une charrue à versoir qui facilite son action en rejetant de côté la couche cultivée. Par ce double travail, on peut obtenir un excellent labour profond de 35 à 40 centimètres.

IV. Buttoir.

Le buttoir est une charrue ayant deux versoirs entre lesquels est placé le soc et qui, par conséquent, rejette la terre des deux côtés à la fois. On s'en sert avec avantage pour butter, c'est-à-dire entourer de terre, les pommes de terre et les betteraves entre les lignes desquelles il suffit pour cela de la faire passer. L'emploi de cet instrument présente une notable économie de temps et d'argent sur le buttage à la main.

V. Extirpateur.

L'extirpateur est un instrument tout en fer, reposant sur quatre roues. Il présente, selon ses dimensions, des socs plus ou moins nombreux que l'on abaisse ou relève au moyen d'un mécanisme fort simple, ce qui permet de régler à volonté la profondeur du labour. Il coupe parfaitement entre deux terres les mauvaises herbes dont un champ peut être infesté. Il convient également pour remuer de nouveau et légèrement une terre anciennement labourée, destinée à porter une plante ne réclamant pas un profond labour. Enfin, il est aussi d'un excellent usage pour couper et retourner rapidement les éteules après l'enlèvement des récoltes.

VI. Houe à cheval.

La houe à cheval est un instrument pour le sarclage et le binage [1] des plantes semées en lignes. Elle remplace la rasette avec une notable économie de temps et d'argent, surtout dans un pays où les ouvriers des champs deviennent de plus en plus rares.

La houe à cheval a une partie fixe armée d'un soc plat et triangulaire, placée entre deux autres mobiles et portant chacune une sorte de couteau dont le tranchant est horizontal. En promenant cet instrument entre les lignes des plantes, il suffit, selon le cas, d'écarter ou de rapprocher les couteaux pour qu'aucune mauvaise herbe ne puisse leur échapper.

VII. Semoirs.

Les semoirs sont des machines au moyen

---

[1] Le binage est une opération qui consiste non-seulement à couper les mauvaises herbes comme dans le sarclage, mais encore à ameublir en même temps la terre en la remuant superficiellement autour des plantes. Le binage peut donc dispenser du sarclage et lui est même préférable par le double résultat qu'il donne.

desquelles on répand en lignes la graine que l'on veut ensemencer au lieu de la disperser avec la main. Ils s'acquittent de la besogne avec plus de régularité qu'un semeur et permettent ainsi l'excellent usage de la houe à cheval. Voici, en outre, les autres avantages qu'ils présentent : 1° Economie de semence ; 2° Végétation plus vigoureuse ; 3° Moins de tendance à la dégénérescence ; 4° Plus grande solidité des tiges ; 5° Propreté remarquable du sol ; 6° Récolte exempte de mauvaises graines. Il faut donc préférer ces instruments à l'usage encore trop suivi de semer à la main.

Les diverses sortes de semoirs peuvent se ramener à deux types : le semoir-brouette et le semoir à cheval. Le premier, par son prix peu élevé, convient très-bien à la petite et à la moyenne culture, et répand n'importe quelle semence avec la plus grande perfection. Un homme le dirige avec facilité.

Le semoir à cheval est aussi d'un prix relativement peu élevé et, chose précieuse, n'a pas souvent besoin de réparation. Il suffit, pour le tirer, d'un seul cheval marchant d'un pas régulier.

VIII. Faucheuses et moissonneuses.

Les faucheuses et les moissonneuses sont des machines destinées à couper les foins et les moissons avec une rapidité inouïe quoique avec la plus parfaite régularité. Elles remplacent donc avec avantage la faux et le piquet. Seulement, le prix en est élevé, de sorte que bien souvent, à part les grandes cultures, il est préférable de louer ces machines aux personnes qui se chargent de les faire fonctionner partout où l'on réclame leurs services. Une même machine peut servir à faucher et à moissonner moyennant certaines pièces de rechange.

IX. Batteuses.

Les batteuses sont des machines destinées à remplacer le fléau pour retirer le grain des épis. Elles exécutent cette opération plus rapidement et surtout beaucoup mieux. On en a fait l'expérience en soumettant à la batteuse 650 gerbes ayant d'abord subi l'action du fléau, et l'on a pu y recueillir encore 3 hectolitres de blé. Cela montre incontestablement l'immense avantage qui résulte de l'emploi de la machine à battre, rien qu'au point de vue du rendement. En outre, par ce procédé, le fermier peut disposer immédiatement de son grain et choisir le moment le plus favorable pour le vendre. Une bonne batteuse fournit de 70 à 80 hectolitres en 10 heures. Il existe de ces machines qui voyagent de ferme en ferme : tout cultivateur soucieux de ses intérêts ne doit donc pas en négliger l'emploi.

X. Faneuses et râteau à cheval.

Il est très-important, au point de vue de la
qualité, que le foin soit fané assez vite pour le
laisser exposé le moins possible aux chances de
pluie. Cela est souvent difficile parce que les
ouvriers manquent; cet inconvénient peut être
évité en employant la machine appelée faneuse qui
fait la besogne en peu de temps, puisque en une
heure, elle éparpille facilement le produit d'un
hectare, rangé en lignes ou andains.

Le râteau à cheval est le complément indispensable de la faneuse, et ramasse le foin plus promptement et mieux que les râteaux de bois maniés
par les ouvrières. Ces deux instruments n'ont
presque jamais besoin de réparation et leur prix
est des plus modérés.

CHAPITRE HUITIÈME

Labours.

Pour que les engrais puissent fournir aux
plantes la nourriture dont elles ont besoin pour
se développer, il est nécessaire de les mélanger
dans des conditions convenables à la couche de
terre cultivée, et que celle-ci soit en outre

bien retournée et bien divisée. C'est là l'objet des labours.

Pour qu'un labour produise de bons effets, il faut avant tout que le terrain auquel il est donné ne soit ni trop sec ni trop humide au moment de l'opération. La profondeur du sillon doit être un peu plus grande que sa largeur, afin que la bande de terre soulevée retombe obliquement dans la raie précédente et présente, de cette manière, un plus grand nombre de ses points au contact bienfaisant de l'air.

Les terres qui ne doivent être ensemencées qu'au printemps se trouvent très-bien d'un labour donné en octobre. Les terres argileuses surtout réclament cette opération, afin que les mottes compactes, qui hérissent leur surface, soient écartelées et divisées par les gelées de l'hiver, et que les racines des mauvaises herbes exposées au froid périssent. De distance en distance, il est très-bon de creuser un sillon plus profond pour servir de rigole d'écoulement aux eaux de pluie.

Quant à la profondeur des labours, elle dépend avant tout de l'épaisseur de la couche cultivée, indiquée par sa couleur qui est partout la même qu'à la surface. On n'y mélange le sous-sol que quand il peut l'améliorer, ainsi qu'il a été dit au chapitre quatrième. Mais en dehors de ces considérations, la profondeur du labour doit varier surtout selon la longueur des racines des plantes

destinées à vivre dans le terrain. Ainsi les betteraves, les carottes, les pommes de terre, les
choux, la luzerne, le sainfoin, dont les racines
s'enfoncent très-avant dans le sol, réclament un
labour de 20 à 30 centimètres, tandis que le blé,
le seigle, l'orge, l'avoine, les fèves, dont les racines sont plus courtes, ne demandent qu'un labour de 10 à 12 centimètres. Le cultivateur qui
ne tiendrait pas compte de cette différence s'expo-
serait à enfouir ses engrais trop ou pas assez profondément pour qu'il soit possible aux plantes d'y
puiser leur nourriture par leur racines, et la
récolte serait alors très-compromise.

CHAPITRE NEUVIÈME

Semailles.

Lorsque la terre est bien préparée, il faut l'ensemencer. L'époque des semailles, quoique fort
importante, ne saurait être exactement précisée,
et varie plus ou moins selon le temps qu'il fait
chaque année. L'expérience et l'exemple des bons
cultivateurs doivent seuls guider en pareille cir-
constance; mais on peut dire, d'une manière générale, qu'il est plus avantageux de semer trop
tôt que trop tard.

Le choix des semences doit être l'objet des

soins les plus attentifs. Il faut, avant tout, que les grains et graines destinés aux semailles n'aient pas plus d'une année ou deux d'âge, qu'ils soient bien triés et surtout parfaitement mûrs ; car on a vu souvent, lorsqu'il n'en est pas ainsi, la récolte complétement manquer. Il est indispensable également de changer de temps en temps de semence en s'en procurant dans une autre ferme, pour empêcher les produits de dégénérer. C'est un mauvais usage de semer invariablement sur les mêmes terres un grain qui en provient ; il est avantageux, au contraire, d'employer pour un terrain argileux, par exemple, une semence produite par un terrain sablonneux, et réciproquement.

Le blé, immédiatement avant d'être semé, doit subir l'opération du chaulage, qui consiste à le tremper dans un lait de chaux où se trouve du sel en dissolution. Cette opération le fait d'abord lever plus tôt, prévient la carie, maladie qui attaque le grain près d'être mûr, et enfin, empêche les épis d'avoir le charbon, c'est-à-dire d'être brouzés, selon l'expression reçue dans les campagnes.

La semence une fois répandue, il reste à la recouvrir avec la herse à moins que le semoir n'ait fait la besogne au moyen d'un appareil qu'on y adapte souvent, ce qui vaut mieux. On termine enfin en rétablissant les rigoles pour l'écoulement des eaux.

CHAPITRE DIXIÈME

Plantes cultivées dans le département du Nord.

I. Blé.

Le blé est la plus importante des plantes cultivées, car il fournit le pain, la première et la plus indispensable nourriture de l'homme. Pour donner de belles récoltes, il exige des soins intelligents et un sol fertile. Les terrains plus ou moins argileux sont ceux qui lui conviennent le mieux. Il doit succéder de préférence à une plante sarclée, comme la betterave, pour laquelle la terre a reçu une bonne dose d'engrais. Sur fumure fraîche; il est sujet à verser.

Au point de vue de l'époque de l'ensemencement, on distingue le blé d'hiver plus souvent appelé *blé de saison* dans le Nord, et le *blé de mars*. Le premier est généralement plus productif que le second.

BLÉ DE SAISON.

On cultive trois variétés de blé de saison, savoir : le *blé blanc* ou *blanzé*, le *blé roux* et le *blé barbu*, qui se sèment tous trois dans le courant d'octobre. Il est prudent de cultiver toujours plusieurs de ces variétés pour le cas où l'une d'elles viendrait à ne pas réussir.

Le blé blanc demande un sol riche et profond, mais il donne en revanche une farine d'une qualité extra. Le blé roux lui est peu inférieur. Enfin le blé barbu a la propriété de prospérer dans les terrains peu fertiles tout en donnant néanmoins un pain bien blanc. Seulement, le battage en est assez difficile à cause de la très-grande adhérence des grains à la paille des épis.

BLÉ DE MARS.

Le blé de mars est surtout utile et précieux pour remplacer le blé de saison détruit par un hiver rigoureux. La paille en est plus courte que celle de ce dernier, les épis et les grains sont également plus petits, mais la farine en est excellente. Le blé de mars offre les mêmes variétés que celui de saison. Toutes doivent être semées au plus tard en mars, plutôt au commencement qu'à la fin du mois, et même de préférence, dans les derniers jours de février si le temps le permet, car la récolte n'est bonne qu'autant que l'ensemencement a eu lieu de bonne heure.

CULTURE DU BLÉ.

La terre destinée à produire du blé doit recevoir deux bons labours, et même, lorsqu'elle est compacte, elle en réclame un troisième à l'époque des semailles. On la herse ensuite deux fois, l'une en longueur, l'autre en largeur, puis on fait passer

le rouleau. Quand la semence est répandue, on
la recouvre à la herse en ayant soin de ne pas
l'enterrer à plus de quatre centimètres, et on
roule de nouveau pour raffermir le sol. On emploie ordinairement un hectolitre 20 litres de
semence par hectare, en se servant du semoir, et
2 hectolitres, quelquefois même plus, en semant
à la volée. Pour le blé de mars, il faut 90 litres
au semoir et un hectolitre 25 litres à la volée[1].
Il est préférable que l'ensemencement ait lieu par
un temps humide, car le grain germe alors plus
facilement dans la terre fraîche.

Au printemps, il faut herser les blés de saison
et rouler ceux qui sont dans un sol léger. Lorsqu'ils ont été semés en lignes avec le semoir, il
est facile aussi de les sarcler très-rapidement avec
la houe à cheval. Cette excellente opération fait
disparaître les mauvaises herbes qui étouffent le
blé et qu'on ne peut couper à la rasette, à cause
des frais considérables qui résulteraient de l'emploi
d'un grand nombre d'ouvriers.

Après le sarclage, il n'y a plus à s'occuper des
blés jusqu'à la moisson. On les coupe alors un
peu avant qu'ils soient mûrs, pour qu'ils ne s'é-
grènent pas pendant le travail ; lorsque les pieds
des tiges sont blancs, on reconnaît qu'il est temps
de les abattre. Seulement, il faut faire exception

---

[1] Ces chiffres et tous ceux qui suivront sont dus à l'obligeance
de M. Fiévet, de Sin.

pour les blés de semence qu'on doit laisser parfaitement mûrir [1].

A mesure que le blé est coupé soit par le piquet, soit mieux et plus vite par la moissonneuse, il est mis en monceaux ou javelles, puis lié en gerbes. Celles-ci sont immédiatement relevées et disposées en chaînes de 16 gerbes rangées deux par deux, ce qui leur permet de sécher rapidement en attendant leur transport à la ferme. MM. Fiévet de Masny, et de Sin, dont le savoir agricole est justement apprécié dans le département et bien ailleurs, préfèrent disposer leurs gerbes en petits monts ronds qu'ils revêtent d'un paillasson appelé crinoline. Cette méthode est en effet supérieure à l'autre en ce qu'elle permet non-seulement d'abriter le blé en cas de pluie, mais aussi de le préserver de la trop grande ardeur du soleil, ce qui n'est pas moins important pour obtenir un grain plus beau, plus glacé et exempt de rides.

En attendant le battage, les gerbes sont mises en grange ou, ce qui est préférable, disposées en meules que l'on couvre de paille. Dans le premier cas, pour éviter un échauffement du blé, préjudiciable à sa valeur, il est nécessaire de l'aérer pendant quelque temps en déplaçant mo-

---

[1] Ces recommandations et toutes celles qui suivent sont parfaitement applicables au seigle, à l'orge et à l'avoine dont il sera parlé plus loin.

mentanément quelques tuiles à la toiture et en tenant les portes du bâtiment ouvertes durant le jour. Dans le second cas, il faut choisir un emplacement bien sec, ou mieux encore, établir, comme en Angleterre, la meule sur une plate-forme élevée sur piliers, ce qui en rend l'accès difficile aux souris et mulots.

II. Seigle.

Le seigle demande de préférence un terrain sablonneux ; mais il croît généralement bien aussi dans les autres terres, même peu fertiles, pourvu qu'elles ne soient pas trop humides. Ainsi que le blé, il vaut mieux qu'il succède à une plante sarclée et fumée.

Le sol destiné à produire du seigle doit recevoir un premier labour au commencement de septembre et un second de bonne heure en octobre, après quoi viennent le hersage et le roulage comme pour le blé. On sème ensuite à la volée, à raison de 2 hectolitres par hectare et l'on recouvre avec la herse de manière à enterrer le grain à 5 ou 6 centimètres. On fait enfin passer le rouleau pour terminer l'opération.

On ne met guère de seigle dans le département du Nord que pour la paille avec laquelle on fabrique les liens des gerbes au moment de la moisson. Cette paille est plus fine et meilleure quand on a semé à la volée.

Lorsque le seigle est cultivé sur une terre qui n'a pas reçu de fumure l'année précédente, il peut néanmoins réussir très-bien moyennant une dose modérée de guano ou de noir animal. Ce dernier engrais surtout produit des effets merveilleux quand, au lieu de le répandre à la volée sur le sol, on a recours au prâlinage. Ce procédé consiste à mouiller suffisamment le noir animal pour le faire adhérer fortement aux grains de seigle qu'on y mélange au moyen d'une pelle. La semence ainsi préparée doit être employée immédiatement. Les autres soins de culture sont absolument les mêmes que pour le blé.

III. Orge.

L'orge, appelée communément sucrion, est surtout cultivée dans le département du Nord pour la fabrication de la bière. Les sols légers lui conviennent principalement. Elle doit être semée en octobre en même temps que le blé, et exige les mêmes labours et les mêmes soins, mais il faut l'enterrer à 7 ou 8 centimètres. Il est préférable qu'elle succède aussi à une plante sarclée pour laquelle la terre a été fumée; on emploie 2 hectolitres de semence par hectare.

L'orge mûrit de très-bonne heure en juillet, et c'est par elle que l'on commence la moisson. Elle est quelquefois cultivée comme fourrage vert de même que le seigle, dans les années où les trèfles manquent. Dans ce cas, une terre même affaiblie convient, et on sème plus dru et plus tôt, pour pouvoir faucher en avril.

IV. Avoine.

L'avoine a la précieuse propriété de réussir dans les terrains peu fertiles et presque sans engrais. Elle demande de préférence un sol sablonneux et humide.

On connaît dans le Nord deux variétés d'avoine, l'une à *grains blancs* et l'autre à *grains noirs*. La première est généralement la plus estimée, car c'est celle qui fournit le plus de paille en même temps que beaucoup de grain. Quant à la seconde, elle convient surtout aux plus fortes terres où l'on craint la verse.

Les soins de culture se bornent à un seul labour donné en automne et une légère façon à l'extirpateur au moment des semailles. Lorsque la terre destinée à la production de l'avoine est tout à fait dépourvue d'engrais, il est très-avantageux d'employer le prâlinage au guano ou au noir animal, à la faible dose de 150 à 160 kilogrammes par hectare. Le procédé est absolument le même que pour le seigle.

Il faut semer l'avoine dans les derniers jours de février ou au plus tard au commencement de mars, car elle redoute beaucoup la sécheresse, surtout dans les premiers moments de sa croissance. Elle doit être enterrée à 7 ou 8 centimètres. On emploie 1 hectolitre et demi de semence par hectare en se servant du semoir, et 2 hectolitres et demi à la volée.

V. Hivernage.

L'hivernage est un excellent fourrage des plus nourrissants, obtenu en semant un mélange de seigle et de vesce dans lequel le seigle entre généralement pour sept huitièmes. La combinaison de ces deux graines est parfaitement rationnelle puisque l'une et l'autre demandent un terrain à la fois fertile et léger mais pas trop humide. Cultivée dans un sol argileux, la vesce est sujette à geler.

On sème l'hivernage dans les premiers jours d'octobre, à raison de 2 hectolitres environ par hectare. Les labours et autres soins que réclame cette culture sont les mêmes que pour le seigle.

VI. Trèfle.

Le trèfle est le fourrage le plus généralement cultivé et il fournit, en effet, une nourriture de première qualité pour les bestiaux. On en connaît deux variétés dans le département du Nord : le *trèfle rouge* commun et le *trèfle incarnat* ou farouche, appelé plus ordinairement *trèfle anglais*. L'un et l'autre, pour bien réussir, ne doivent pas revenir à des intervalles trop rapprochés, même dans les meilleures terres.

Le trèfle rouge commun prospère à peu près partout, mais il redoute beaucoup les sols sujets à une grande sécheresse pendant l'été. On le sème dès les premiers jours de mars dans un seigle ou dans un blé. La quantité de semence à employer est très-variable, selon la fertilité du terrain ; plus celle-ci est grande, plus on doit semer clair, car alors le trèfle fournit de très-grosses touffes. En général, dans le département du Nord, il faut 16 kilogrammes de graine par hectare ; la semence n'a pas besoin d'être enterrée et lève néanmoins fort bien.

Il est très-avantageux, en mars ou avril, de répandre sur les trèfles semés l'année précédente, de 200 à 300 kilogrammes de plâtre par hectare. Le compost et les cendres de bois y produisent aussi un excellent effet.

Le trèfle anglais, cultivé pour être donné comme fourrage vert au printemps, réussit bien partout excepté dans les sols par trop crayeux. Il succède ordinairement au blé, au seigle, à l'orge ou à l'avoine. Dans le courant de septembre, on retourne les éteules à l'extirpateur et l'on sème à raison de 16 kilogrammes par hectare ; il est nécessaire de recouvrir la graine, sans quoi elle ne lèverait pas.

VII. Sainfoin.

Le sainfoin a l'avantage de réussir parfaitement

dans les terrains les plus crayeux, là où ne pourraient vivre le trèfle ni la luzerne ; il prospère d'ailleurs partout excepté sur les argiles humides. Il a de plus une autre propriété bien précieuse : c'est d'ajouter considérablement à la fertilité du sol par les racines qu'il y laisse lorsqu'on le retourne. Ces racines se pourrissent très-vite et améliorent la terre au point de la rendre suffisamment bonne pour la culture du blé, si jusqu'alors elle n'avait pu en produire.

Les prairies de sainfoin durent plusieurs années et donnent une première coupe au printemps et une autre de regain à l'automne. Elles ne doivent revenir dans les mêmes champs qu'à de longs intervalles. On sème ce fourrage en mars sans qu'il soit besoin de donner aucun labour préalable, ni de retirer la graine des cosses qui la renferment. On emploie de **3** à **4** hectolitres par hectare, et il est inutile d'enterrer la semence qui lève très-bien sans cela.

De même que le trèfle, le sainfoin gagne beaucoup à recevoir du plâtre ou du compost.

VIII. Luzerne.

La luzerne, pour bien réussir, demande un terrain fertile, léger, peu humide et surtout profond afin que ses longues racines puissent s'y développer à l'aise et y puiser leur nourriture. Le sol qui lui est destiné doit donc recevoir deux bons labours en automne et même un défoncement, si l'on veut obtenir de belles coupes. Le contact de l'engrais frais étant nuisible à cette plante, il faut fumer pour une récolte précédente; quand il n'en peut être ainsi, on emploie alors du fumier très-consommé qui se mêle plus vite à la terre.

La luzerne ne craint pas les sécheresses comme le trèfle, et résiste aux plus prolongées, grâce à la longueur de ses racines qui plongent toujours dans un sol frais; c'est pourquoi un cultivateur prévoyant ne doit pas négliger d'en avoir chaque année au moins quelques champs. On ne la sème guère qu'à la fin d'avril ou dans les premiers jours de mai, car au début de sa croissance, elle est très-sensible aux froids tardifs du printemps; on emploie 16 kilogrammes de semence par hectare.

Les prairies de luzerne peuvent durer de 6 à 12 ans dans les bons terrains, mais il ne faut les rétablir dans les mêmes champs qu'à de longs intervalles. Les cendres de bois, de tourbe et de charbon ainsi que le plâtre et les composts favorisent beaucoup la croissance de cette plante fourragère. On les répand le plus également possible et on les mêle ensuite au sol par un hersage énergique qui arrache en même temps les mauvaises herbes. La luzerne, grâce à ses fortes et longues racines, n'est nullement endommagée par cette manière rude de la travailler; au contraire, le remuement de la terre autour de ses tiges lui est avantageux. D'ailleurs, elle croît rapidement et repousse très-vite après chaque coupe. Les vaches qui en sont nourries donnent un lait épais et abondant.

IX. Prairies naturelles et pâtures.

Les prairies naturelles sont assez rares dans le département du Nord et ne se rencontrent guère que sur les bords des rivières sujettes à déborder, là où par conséquent, l'irrigation est possible ; néanmoins, on en trouve aussi dans les sols tourbeux qui n'ont pas été suffisamment assainis pour être cultivés ; ces dernières existent principalement dans l'arrondissement de Douai.

Pour établir une prairie naturelle, on laboure d'abord en automne le terrain en faisant suivre la charrue par des ouvriers qui creusent encore le sillon d'un fer de bêche, puis on fume fortement avec du fumier d'étable qu'on enfouit par une façon superficielle. Au printemps, on donne un nouveau labour d'environ 15 centimètres après quoi l'on sème des fèves ou des pommes de terre. L'année suivante, on sème du blé, de l'orge ou de l'avoine, et, au moment des binages, on répand les graines destinées à former la prairie. Il suffit généralement de trois années de pâturage pour convertir une terre médiocre en prairie excellente, pourvu qu'on ait soin de bien nettoyer et de bien fumer le terrain, et d'y semer des graines bien choisies. Parmi celles-ci, les meilleures sont celles du paturin annuel, du paturin des prés, du ray-grass, du vulpin des champs, de la fléole des prés, de la chicorée sauvage et du trèfle rampant.

Les plus belles prairies sont celles de la Lys, des deux Helpes et du canton de Marchiennes. Celles de la Lys surtout sont d'une remarquable fertilité, grâce au limon épais que ce cours d'eau y dépose chaque année ou que les cultivateurs y répandent soigneusement après l'avoir puisé au fond de la rivière avec un instrument appelé *vague*.

Aux environs de Bailleul, les prairies sont fumées tous les 2 ou 3 ans avec des boues de ville, et irriguées par reprise d'eau. Dans l'arrondissement d'Avesnes, on les fume quelquefois avec de la courte-paille et des balayures de grange.

On fauche le plus souvent dans la dernière quinzaine de juin ; l'herbe, laissée en andains pendant vingt-quatre heures, est éparpillée le lendemain avec le râteau, puis amoncelée en petits tas. Ces tas sont défaits le troisième jour, et après les avoir retournés à plusieurs reprises, on en fait des meules. Là, le foin s'échauffe, il sue, jette son feu et peut être rentré ensuite sans inconvénient.

Les *pâtures* sont des herbages entourés de haies

et où les bestiaux vivent en liberté pendant toute la bonne saison ; elles sont surtout répandues dans les arrondissements de Dunkerque, d'Hazebrouck, de Lille et d'Avesnes ; les travaux et les cultures préparatoires pour les établir sont les mêmes que pour les prairies. Elles ont besoin d'être fumées en moyenne tous les 6 ou 7 ans, soit avec du fumier d'écurie, soit avec des excréments humains délayés, ou des boues de ville. Il faut aussi avoir soin d'étendre régulièrement les bouses des bestiaux. L'année qui suit celle où l'on a fumé, il est d'usage de prendre une coupe d'herbe.

Dans l'arrondissement d'Avesnes, les bestiaux sont mis en pâtures vers la fin d'avril, et y restent jusque vers le 15 novembre ; on estime qu'il faut 55 ares pour nourrir pendant cette période une tête de gros bétail. On regarde comme une excellente pratique de laisser un peu d'herbe dans les pâtures à la fin de la campagne, afin d'en avoir de bonne heure l'année suivante. Toutes les fois que c'est possible, on irrigue par reprise d'eau depuis le mois de décembre jusqu'au printemps. Si le printemps est pluvieux, on diminue les arrosements de peur de retarder la croissance de l'herbe. Entre deux irrigations, il faut toujours laisser deux ou trois jours d'intervalle, afin de donner à la pâture le temps d'absorber l'eau qu'elle a reçue.

X. Féverole.

La féverole est comptée parmi les fourrages les
plus nourrissants et considérée comme celui qui
restaure le mieux les chevaux ayant à supporter
de rudes fatigues. On la leur donne souvent con-
cassée et mêlée à l'avoine par parties égales, mais
ils la mangent aussi très-volontiers en bottes non
battues. Cette plante ne craint pas l'humidité, elle
se plaît dans les sols argileux et prépare parfaitement la terre pour une culture de blé.

On sème la féverole de préférence en mars,
mais aussi en avril, à raison de 3 à 4 hectolitres
par hectare ; semée en mars, elle rapporte plus
de grain. Le terrain qui lui est destiné doit recevoir un profond labour avant l'hiver et un autre
au printemps, en travers du précédent, après
quoi il faut herser. Lorsque l'ensemencement a eu
lieu en lignes à l'aide du semoir, il est possible et
très-avantageux de donner à cette plante un ou
deux binages qui activent beaucoup sa croissance.
On diminue quelquefois la semence d'un quart
que l'on remplace par une égale quantité d'avoine
blanche ; après la récolte, il est facile, si on le
désire, de séparer les deux graines par le crible.
Quant aux tiges des féveroles battues, on en fait
un excellent fourrage en les hachant avec la paille
d'avoine.

XI. Chou de vache.

Le chou de vache demande de préférence une terre un peu argileuse mais non humide; il exige beaucoup d'engrais. On en sème d'abord la graine en pépinière au printemps dans un sol bien fumé; un litre de semence donne assez de plant pour un hectare. Après la moisson, on repique ce plant en place de blé, de seigle ou d'orge. Cette transplantation doit être précédée d'un profond labour et d'un hersage. Pendant tout l'hiver, on cueille les feuilles des choux, en commençant par celles d'en bas, et l'on peut, de cette façon, varier avantageusement la nourriture des bestiaux, à cette époque surtout où l'on n'a à leur donner aucun autre fourrage vert.

XII. Betterave.

La betterave, hachée en morceaux, est souvent donnée comme nourriture aux bestiaux, principalement aux vaches auxquelles elle procure beaucoup de lait; mais c'est surtout pour en extraire le sucre qu'elle est cultivée en grand dans le département du Nord. Il lui faut un terrain légèrement sablonneux et fertile, et beaucoup d'engrais. Seulement, on doit bien se garder de fumer avec des excréments humains délayés dans du purin, car cela rendrait l'extraction du sucre très-difficile, et par suite les fabricants refuseraient l'achat des betteraves récoltées dans ces conditions.

Les variétés connues sous le nom de *rosée* et de *blanche* à collet *gris* ou *vert* sont les plus sucrées et, par conséquent, les meilleures à cultiver ; mais ce que le fabricant repousse de toutes ses forces, c'est la *boutoire*, qui ne contient presque pas de sucre.

Le terrain destiné à la culture de la betterave doit recevoir deux labours en automne et un autre au printemps qui sert à enfouir le fumier, après quoi l'on herse et l'on sème en ligne, à raison de 12 à 25 kilogrammes par hectare. Le grand écart entre ces deux chiffres vient de ce que beaucoup de cultivateurs font souvent un semis un peu serré dans la crainte qu'une partie de la graine ne fasse défaut, sauf à éclaircir plus tard de moitié s'il le faut ; ils sont sûrs de la sorte d'avoir toujours assez de betteraves. C'est, dit avec raison M. Fiévet de Sin, un petit sacrifice qui donne une certitude.

L'époque moyenne de l'ensemencement est vers le 20 avril, mais on sème très-bien aussi dans la dernière quinzaine de mars, surtout dans les terres argileuses. Dans ce cas, MM. Fiévet trouvent plus avantageux de façonner la terre en billons, parce qu'au sortir de l'hiver, elle sèche ainsi plus facilement, devient plus friable et est moins abîmée par le piétinement des chevaux. On peut alors procéder de cette manière : le fumier est placé dans les raies qui séparent les billons, puis ceux-ci sont fendus par le milieu, à l'aide du buttoir qui forme de la sorte de nouveaux billons sur l'engrais même. On donne ensuite un léger trait de rouleau et l'on sème la graine qui prospère merveilleusement, grâce à son contact avec la fumure.

La betterave demande un sol très-propre ; aussi ne faut-il pas lui épargner les binages et les sarclages. On l'arrache en octobre ; dans le courant de septembre, on peut, sans nuire à la plante, enlever une partie de ses feuilles pour la nourriture des bestiaux, mais en ayant soin de ne pas toucher au bouquet central.

XIII. Colza.

On cultive deux variétés de colza : le colza d'hiver, plus souvent nommé *colza de saison*, et le *colza de mars*.

COLZA DE SAISON.

Le colza de saison réussit mieux dans une bonne terre à blé, mais il donne également un excellent produit dans un sol léger bien fumé ; la suie, le guano et la colombine lui conviennent principalement. Les soins qu'il réclame diffèrent un peu selon qu'on le cultive avec transplantation ou sans transplantation. Quand on adopte le premier mode de culture, qui est le meilleur parce qu'il est le plus productif, il faut d'abord, en juillet, après une bonne pluie, semer le colza en pépinière dans un terrain bien engraissé; un litre de graine donne assez de plant pour un hectare. En octobre, on arrache ce plant et on le repique dans la terre qui lui est destinée. Celle-ci a dû recevoir préalablement trois labours; en donnant le troisième, on a enfoui le fumier. Le plant est mis en place à l'aide du plantoir, à 30 ou 35 centimètres de distance en tous sens.

Lorsque la culture du colza de saison a lieu sans transplantation, à cause de la cherté de la main d'œuvre, on sème vers la fin d'août ou au commencement de septembre, à la volée ou mieux en ligne, à raison de 20 à 25 litres par hectare, et on éclaircit à la rasette dès que la graine est bien levée. Quand le semis se fait en lignes, il est avantageux de façonner la terre en billons, comme il a été dit pour la betterave.

Le colza a besoin, durant sa croissance, de plusieurs sarclages et binages. Il faut le récolter quelque peu avant sa complète maturité, car il est très-sujet à s'égrainer. Le battage a lieu sur place, sur une grande toile étendue.

COLZA DE MARS.

La culture de cette variété est beaucoup moins lucrative que l'autre ; aussi n'est-elle qu'un pis-aller auquel se résigne le cultivateur lorsqu'un hiver rigoureux a détruit le colza de saison. Malgré son nom, le colza de mars ne doit être semé que dans la dernière quinzaine d'avril, si l'on veut le soustraire aux nuées de pucerons qui en sucent les siliques quand il est trop avancé.

La terre qui lui est destinée, ayant déjà reçu en automne plusieurs façons, ne demande plus, au printemps, qu'un labour suivi de deux hersages. On sème le colza de mars directement sur place, car il ne peut pas être transplanté comme celui de saison. On emploie la même quantité de semence que pour ce dernier.

XIV. Œillette.

L'œillette demande un sol fertile mais pas trop argileux, et beaucoup d'engrais ; aussi, comme le colza, la sème-t-on directement sur fumier ; la suie lui est particulièrement favorable. La terre doit recevoir pour cette culture deux bons labours et l'engrais en automne, et une façon à l'extirpateur au moment d'ensemencer, c'est-à-dire après les dernières gelées d'avril. On la herse ensuite deux fois avec beaucoup de soin, puis on roule, après quoi l'on sème en lignes à raison de 4 à 5 litres par hectare. Il faut recouvrir très-légèrement, autrement la graine ne lèverait pas. Celle-ci, à cause de sa grande finesse, est souvent répandue trop dru : on peut obvier à cet inconvénient soit en mélangeant la semence à plusieurs fois son volume de poussière, soit en la renfermant dans une bouteille fermée par une membrane de vessie percée de petit trous, et que l'on promène en lignes espacées entre elles de 20 centimètres.

L'œillette, pendant sa croissance, a besoin de trois sarclages donnés délicatement, afin de ne pas l'endommager, car elle est très-sensible aux blessures de la rasette. C'est à la seconde opération qu'on éclaircit le plant pour qu'il se trouve à des intervalles de 20 centimètres dans les lignes.

La récolte de la graine exige beaucoup de précaution pour éviter l'égrenage. Les tiges arrachées sont liées en bottes sans les incliner et placées droites en chaînes jusqu'au moment, aussi proche que possible, où on les secoue vivement sur de petites toiles formant creux et supportées par des piquets. Ce dernier travail se répète une seconde fois à quelques jours de distance pour recueillir la petite quantité de graine demeurée dans les capsules les moins mûres.

XV. Cameline.

La cameline n'est guère cultivée dans le Nord que quand le colza manque, même celui de mars, qu'elle peut facilement remplacer, puisqu'on la sème très-bien jusqu'en juin. Mais l'époque ordinaire pour la semer est en mars et avril; on emploie de 4 à 5 litres de graine par hectare; la récolte a lieu en août et septembre. La cameline prospère dans les sols sablonneux et d'ailleurs peu fertiles, fumés pour une culture précédente. Elle a sur le colza l'avantage de n'être pas attaquée par le puceron; seulement le rendement est moins considérable.

Cette plante veut une terre préparée comme pour le colza de mars, et demande plusieurs sarclages, à moins d'être semée assez dru pour étouffer les mauvaises herbes. Quand elle est mûre, on la fauche quelquefois, mais il est préférable de l'arracher pour éviter l'égrenage. On la bat comme le colza. Les tiges servent à faire des balais.

XVI. Lin.

Le lin tient une place importante parmi les plantes cultivées dans le Nord, et en général il rémunère convenablement le cultivateur de ses peines. Il est à la fois précieux par ses tiges, qui renferment la matière du fil dont on fabrique la toile, et par sa graine, qui donne une huile employée dans l'industrie. Il réclame une terre légère, bien divisée et ameublie, très-propre et riche en humus; il n'y peut néanmoins revenir qu'à 8 ou 9 ans d'intervalle. On le fait succéder de préférence à une avoine fumée, ou, à défaut de celle-ci, à un blé précédé de betterave. La terre qui lui est destinée doit recevoir en automne deux labours soignés. Au printemps, plutôt en mars qu'en mai, on lui donne une nouvelle façon à l'extirpateur, suivie de deux ou trois hersages, afin de pulvériser parfaitement la surface du sol. On y répand alors par hectare de 150 à 200 hectolitres de purin dans lesquels on a délayé des vidanges et environ 1000 kilogrammes de tourteau de colza ou de cameline; un nouveau hersage opère le mélange. On sème ensuite à raison de 2 hectolitres 35 de graine par hectare.

Le choix de la semence est très-important et l'expérience prouve que pour avoir une fibre de belle qualité, il faut employer une graine récoltée dans un pays plus au Nord; c'est à ce titre que la graine de Russie ou de Riga doit être préférée dans notre région.

Le lin, dès le premier mois de sa croissance, a besoin de deux nettoyages très-soignés, car aucune plante n'exige un sol aussi propre. Les ouvrières exécutent ce travail à genoux, le nez au vent, afin que les tiges foulées se relèvent facilement ensuite. Au moment de ses premières feuilles, le lin gagne beaucoup à être arrosé de purin. Vient enfin la récolte qui se fait en arrachant la plante, quand elle est encore un peu verte.

Vingt-cinq ou trente jours après l'arrachage, la graine des capsules ayant achevé de mûrir, on détache celles-ci en faisant passer les tiges entre les dents d'une sorte de peigne construit pour cet usage. Plus tard, dans les mois de janvier et de février, on procède au rouissage du lin en le mettant tremper dans l'eau huit, dix ou douze jours ; la mer de Flines, dans l'arrondissement de Douai, sert spécialement à cela aux environs de cette commune. On étend ensuite les tiges sur l'herbe pendant douze ou quinze jours, après quoi, lorsqu'elles sont bien sèches, le teillage commence à l'aide de l'instrument nommé *broïe*. Toutes ces dernières opérations sont essentiellement du ressort de la pratique, et il faut les avoir vues et étudiées de près pour pouvoir les exécuter avec succès.

XVII. Chanvre.

Le chanvre n'est guère cultivé, dans l'arrondissement de Douai, que dans la vallée de la Scarpe, c'est-à-dire dans les cantons de Douai-Nord et de Marchiennes ; on le rencontre aussi sur quelques autres points du département du

Nord. Il lui faut de préférence un terrain composé à peu près également d'argile, de sable et de chaux et en outre riche en humus ; mais il prospère néanmoins dans toute espèce de sol, même tourbeux, pourvu qu'on lui applique beaucoup d'engrais. Il posséde de plus la propriété de pouvoir revenir dans le même endroit tous les deux ans, et d'y réussir parfaitement moyennant une bonne fumure ; le guano et la colombine lui sont particulièrement favorables. Les travaux de culture sont les mêmes que pour le lin.

On connaît deux variétés de chanvre : le *chanvre commun* et celui *du Piémont* qui se distingue de l'autre par sa plus grande taille, et donne par conséquent des fibres plus longues. Tous deux peuvent réussir dans le Nord, mais le chanvre du Piémont dégénère vite à moins d'en faire venir la graine de son pays d'origine. La semence, pour être bonne, doit être de l'année précédente, et avoir une écorce unie et luisante. On la répand à la volée ou en lignes, vers la fin d'avril, après les dernières gelées, à raison de 4 à 5 hectolitres par hectare ; plus on sème dru, plus la filasse est fine et a de valeur.

Le chanvre, par ses larges feuilles, étouffe la mauvaise herbe qui l'environne ; on peut donc se dispenser de le sarcler, à moins que le sol ne soit dans un état de malpropreté exceptionnelle.

Il mûrit en automne et, particularité remarquable, la récolte se fait en deux fois. On arrache d'abord les plantes qui ont le plus de fleurs et qu'on appelle plantes mâles ; les autres, qu'on nomme plantes femelles, ne sont arrachées que cinq ou six semaines plus tard, lorsque leurs graines sont bien mûres. Ces graines donnent une huile propre à la fabrication du savon noir et à plusieurs autres usages. Quant aux tiges du chanvre, on les soumet successivement, comme celles du lin, au rouissage et au teillage. La filasse qu'on en retire est spécialement destinée à la fabrication des cordages et des voiles de vaisseaux, ainsi que des toiles pour battre colza ou pour couvrir les voitures de messagerie.

XVIII. Houblon.

Le houblon n'est cultivé que sur quelques points seulement du département du Nord. Il demande un sol riche, léger plutôt qu'argileux, et surtout très-profond. Il a, comme le chanvre, des pieds mâles et des pieds femelles ; ces derniers seuls donnent un produit propre à la fabrication de la bière.

On propage le houblon au moyen de boutures ou de rejetons pris aux racines ou aux vieilles tiges et que l'on plante au commencement de mars : chaque bouture doit avoir deux nœuds ou boutons. Le sol destiné à cette culture est profondément labouré en automne ; vers la fin de février, on y trace des sillons espacés entre eux de **2** mètres, puis, en travers de ceux-ci, d'autres sillons à la même distance. Les points de rencontre de ces sillons sont les endroits où il faut planter les boutures. On y creuse des trous où l'on dépose du fumier, et surtout, si l'on peut, des chiffons de laine, engrais très-estimé pour cette destination. On forme alors dessus de petits monticules où l'on met en cercle de cinq à sept boutures et une autre au milieu. Chaque année, au printemps, on laboure entre les lignes, on sarcle entre les pieds de houblon et on butte ceux-ci. On fume tous les deux ans. Les perches sont placées, pour chaque récolte, vers la fin d'avril.

Une bonne houblonnière dure de 10 à 15 ans, et commence à rapporter la troisième année. La cueillette se fait en septembre. Les cônes sont étendus sans être entassés sur le plancher d'une chambre bien aérée où on les retourne fréquemment pour qu'ils se dessèchent promptement. La dessiccation s'en complète dans des fours construits pour cet usage, puis il ne reste plus qu'à emballer le houblon pour le livrer au commerce.

XIX. Tabac.

C'est dans les meilleurs sols argilo-sablonneux

que le tabac [1] réussit le mieux. Dans les terrains plus légers, les feuilles sont plus petites, mais, en revanche, elles se distinguent par une odeur plus fine ; on les réserve ordinairement pour la fabrication des cigares.

Le tabac succède le plus souvent au blé ou à une autre céréale, et ne doit revenir dans le même champ qu'à 6 ou 8 ans d'intervalle. Il demande une terre parfaitement ameublie. A cet effet, on donne un premier labour avant l'hiver, un second au sortir de cette saison pour enfouir l'engrais, après quoi l'on pratique un vigoureux hersage. Au moment de la plantation a lieu un troisième labour suivi d'un nouveau hersage, puis du roulage, si c'est un sol léger.

Les engrais qui conviennent le mieux à cette culture sont ceux qui produisent un effet immédiat, comme le fumier d'étable bien consommé, les excréments humains, le guano, à raison de 3,000 kilogrammes par hectare, les tourteaux de colza, d'œillette, de chanvre et de cameline. Après la plantation, il faut éviter les arrosages avec le purin, si l'on ne veut pas donner à la plante une saveur âcre ; la chaux est aussi considérée comme nuisible. Quand il est possible d'arroser le tabac avec du lait de beurre, comme

---

[1] Le tabac n'est cultivé dans le Nord que dans les arrondissements de Lille et d'Hazebrouck.

le font certains petits cultivateurs, on obtient des feuilles d'une rare délicatesse.

Les semis ont lieu en mars sur pépinière bien labourée et bien fumée ; on répand en outre des tourteaux de cameline secs si l'on craint les vers et les insectes. Peu de temps après la levée des plantes, on les espace de 2 à 5 centimètres les unes des autres, et l'on extirpe soigneusement toutes les mauvaises herbes. Quand le plant est suffisamment fort, au commencement de juin, on le repique de façon à ce que les pieds de tabac se trouvent à 50 centimètres en tous sens, et en prenant garde de courber la racine, ce qui rendrait la végétation languissante. Il est bon, aussitôt la transplantation terminée, de pratiquer un arrosage avec des excréments humains très-délayés.

Lorsque le tabac commence à relever ses premières feuilles, on bine pour la première fois, et avant de procéder à un deuxième binage, on répand ordinairement des tourteaux ; le buttage suit à quinze jours ou trois semaines de distance. C'est à la même époque que l'on étête le tabac, c'est-à-dire que l'on coupe, avec l'ongle de l'index et celui du pouce, le sommet des pieds les plus vigoureux, afin de faire refluer la sève dans tout le corps de la plante. On ne laisse sur chaque pied que 8 ou 10 feuilles, et comme le but essentiel est de les obtenir aussi développées que possible, on retranche, à trois reprises différentes, tous les bourgeons qui naissent successivement. Cette opération doit être faite minutieusement, sous peine d'éprouver de rudes mécomptes lors de la récolte.

C'est généralement vers la fin d'août ou au commencement de septembre que l'on coupe le tabac. Les feuilles prennent alors une couleur jaune et s'inclinent vers la terre; on les enlève une à une sans arracher la tige, ou bien, si on le préfère, on coupe préalablement la tige avec une faucille. Quel que soit le procédé adopté, les feuilles sont enfilées en chapelets avec une aiguille et une ficelle, et suspendues dans les séchoirs. Elles sont espacées à 2 centimètres les unes des autres dans les chapelets; ceux-ci sont écartés entre eux de 30 à 35 centimètres, et préservés soigneusement du vent et de la pluie pendant la dessiccation, sans quoi les feuilles deviendraient noires, cassantes et perdraient ainsi de leur qualité. Lorsque le tabac est suffisamment sec, on dépend les chapelets pour en faire de petits paquets de 8 ou 10 feuilles, que l'on entoure de paille et que l'on abrite sous un toit, en ayant soin de les garantir de l'humidité. Au premier décembre on les livre à la régie.

Dans le Nord, l'hectare de tabac peut rendre jusqu'à 1,800 kilogrammes, et comme on fume très-fortement pour ce genre de culture, le même terrain fournit facilement ensuite plusieurs autres récoltes successives sans qu'il soit besoin d'y remettre de l'engrais.

XX. Chicorée.

La chicorée n'est cultivée que sur quelques points seulement des arrondissements de Valenciennes et de Douai. Elle demande un sol frais mais très-fertile et parfaitement ameubli par de nombreux et profonds labours ; on la fait souvent succéder à un trèfle bien réussi. On ne fume pas, parce qu'alors les feuilles se développeraient au détriment des racines ; l'engrais est donné pour une culture précédente. Les travaux préparatoires commencent aussitôt l'enlèvement de la dernière récolte, par un labour d'environ 16 centimètres. En mars, on défonce le sol à 30 ou 35 centimètres avec la bêche autant que possible, et l'on herse de suite. Quinze jours ou trois semaines après, on donne une façon superficielle suivie d'un nouveau hersage. Dans le courant d'avril, après un dernier coup de herse, on sème, soit à la volée, soit mieux en lignes, à raison de 5 kilogrammes de graine par hectare. On recouvre ensuite la semence par un hersage et l'on passe enfin le rouleau.

Dès que la chicorée commence à lever, on procède à un premier sarclage ; on éclaircit à un second en espaçant les plantes à 10 ou 12 centimètres en tous sens. La rasette passe encore souvent une troisième fois dans le cours de la végétation.

La récolte a lieu généralement dans la première quinzaine d'octobre. On emploie la bêche pour arracher les racines, et comme il est important de les retirer entières, on défonce le sol à 65 centimètres environ. Quand les racines sont extraites, on les débarasse de la terre qui y adhère et on les transporte à la ferme, où on les met en monts pour les faire sécher. Il faut bien se garder de les emmagasiner avant leur complète dessication, sans quoi elles s'échaufferaient et perdraient beaucoup de leur qualité. Les racines sèches sont coupées par morceaux de 2 à 5 centimètres de longueur et livrées au commerce.

La chicorée rend en moyenne 4,500 kilogrammes de racines par hectare dans un bon terrain; elle est très-épuisante et ne doit revenir au même endroit qu'à cinq ou six ans d'intervalle.

XXI. Moutarde.

La culture de la moutarde, comme celle de la chicorée, n'a lieu dans le Nord que sur une très-petite échelle et ne se rencontre guère en dehors de l'arrondissement de Valenciennes. On n'ignore pas que c'est la graine de cette plante qui, broyée avec du vinaigre ou du verjus, donne ce condiment jaune et piquant si fréquemment employé dans l'art culinaire.

On cultive la moutarde absolument comme le colza de mars. Elle demande un terrain fertile, une forte dose d'engrais, de bons labours préparatoires, et, dans le cours de sa végétation, plusieurs sarclages et binages. On la sème immédiatement après les céréales de printemps et elle est mûre quinze ou seize semaines après. En la récoltant, il faut user de précaution pour éviter l'égrenage. Le battage a lieu avec des baguettes, car le fléau écraserait les graines.

CHAPITRE ONZIÈME

Succession des récoltes.

Toutes les plantes, en puisant leur nourriture dans le sol, tendent à le rendre moins fertile. Mais toutes ne l'épuisent pas cependant au même degré ; les unes, comme le lin, appauvrissent beaucoup la terre sans rien lui rendre ; les autres, comme l'avoine, lui demandent peu, ou, comme le trèfle, lui restituent par leurs racines ou par les engrais des animaux une bonne partie de ce qu'elles y ont pris. En outre, toutes ne réclament pas la même nourriture ; la betterave, par exemple, après s'être emparée des sucs qui lui conviennent, en laisse d'autres qui permettent au blé de réussir parfaitement après elle.

Tout l'art du cultivateur doit donc tendre à régler la succession des récoltes, de manière qu'après une plante épuisante il en vienne une autre de nature à rendre au sol une portion de ce qu'il a perdu ou y prenant d'autres éléments pour sa subsistance. L'expérience a d'ailleurs démontré que les mêmes plantes ou celles qui leur ressemblent ne peuvent pas être cultivées continuellement avec avantage dans le même terrain, et qu'elles y dégénèrent promptement.

Toutefois, il ne faut pas s'exagérer ces règles dans un pays comme l'arrondissement de Douai, et même sur bien d'autres points du département du Nord, où, par suite d'une longue culture, le sol est riche en humus, reçoit en outre de fréquentes fumures, et où l'industrie locale, ainsi que la possibilité de réaliser de plus grands bénéfices, exigent que certaines plantes reviennent plus fréquemment que d'autres. « On peut, dit à ce sujet M. Fiévet de Sin, se permettre de faire à peu près ce que l'on veut ; les contre-sens d'autrefois n'en sont plus aujourd'hui, les engrais remplacent tout. » C'est donc au fermier de voir quelles sortes de plantes il désire cultiver, et de traiter ses terres en conséquence mais toujours avec réflexion.

A part ces considérations, et bien qu'il n'existe pas à cet égard des lois absolues, voici, pour 100 mesures de terre en bonne voie de culture, dans quelle proportion il conviendrait de leur faire produire les principales plantes du département du Nord, et l'ordre de succession qu'il serait rationnel d'adopter [1].

Première année.

Blé.	32	mesures.
Betteraves.	24	—
Lin ou œillette.	8	—
Colza.	4	—
Trèfle, luzerne ou sainfoin. .	12	—
Seigle.	2	—
Hivernage.	4	—
Avoine.	14	—
Total. .	100	mesures.

Deuxième année.

Blé : 24 après betteraves et 8 après lin.	32	mesures.
Betteraves : 12 après trèfle, 4 après hivernage, 4 après colza et 4 après blé.	24	—
Lin : 8 après avoine fumée. .	8	—

[1] Nous devons ces indications à M. Fiévet de Sin, que nous ne saurions assez remercier pour tous les bons renseignements qu'il a bien voulu nous donner.

Colza : 4 après blé précédé de
   betteraves . . . . .   4 mesures.
Trèfle : 2 après seigle, 4 après
   blé et 6 après avoine. . . 12   —
Seigle : 2 après blé précédé de
   betteraves.   2   —
Hivernage : 4 après blé précédé
   de betteraves.   4   —
Avoine : 14 après blé précédé de
   betteraves. 14   —

                  Total. . 100 mesures.

Les années suivantes, on continue de suivre
les mêmes proportions en ayant toujours soin de
prendre ses mesures pour ne remettre dans les
mêmes terres :

Du lin et du trèfle, que tous les 8 ou 10 ans.

Du colza, que tous les 5 ou 6 ans.

Le blé et la betterave peuvent se mettre, selon
les besoins, tous les 2, 3 ou 4 ans. Cette dernière période est observée quand après blé, on
met successivement avoine, lin, betteraves, puis
encore blé, ou quand après betteraves, on met
successivement blé, avoine, lin, puis encore
betteraves.

Mais ce qu'il ne faut jamais perdre de vue,
c'est que sans engrais, il n'est point de bonne
culture. A Masny, dans la ferme si admirablement
tenue par M. Fiévet, les terres sont fumées au

moins tous les 2 ans. Toutes les betteraves et les colzas sont fumés, les avoines avant le lin le sont aussi ; tous les lins et la moitié des blés reçoivent du tourteau ; il est à désirer que cet exemple soit suivi par tous les cultivateurs qui veulent rompre avec la routine et approcher des magnifiques résultats obtenus par M. Fiévet.

CHAPITRE DOUZIÈME [1]

Petits animaux nuisibles à l'agriculture. — Moyens de destruction.

Lorsque le cultivateur a consacré toute son activité, toute son intelligence et ses capitaux à faire fructifier son domaine et à organiser sa ferme sur un bon pied, il risquerait souvent d'avoir fait toutes ces dépenses en pure perte s'il n'avait l'œil constamment ouvert sur les fruits de son travail, afin de s'efforcer de les défendre, à la première alerte, contre les mille et un dangers qui les menacent. Parmi ces dangers, les moindres ne sont assurément pas les dommages qui résultent des déprédations commises par une quantité incalcu-

---

[1] Pour faciliter à leurs élèves l'étude de ce chapitre et du suivant, MM. les instituteurs feront bien de se procurer les planches *Les Ennemis et les Auxiliaires naturels du cultivateur*. — En vente à la librairie Hachette.

lable de petits animaux, hôtes incommodes de
nos maisons et de nos champs, s'y installant et
y vivant à nos dépens. Nous allons essayer de
signaler ici les plus pernicieux de ces animaux en
indiquant les moyens connus et plus ou moins
efficaces de les détruire.

I. Quadrupèdes.

Le *putois* et la *fouine* font la guerre aux oiseaux de basse-cour et aux lapins. Ils détruisent
les œufs et se nourrissent de fruits dans les jardins
lorsque le sang et la chair leur manquent. Ils
passent la belle saison dans les bois et se réfugient
pendant l'hiver dans les villages voisins où ils éta-
blissent leur gîte sous des tas de bois ou de paille.
La fourrure de ces animaux se vendant un prix
élevé, il y a donc double intérêt à rechercher
leur capture.

Moyens de destruction. — Les piéges à ressort et une espèce de boîte fermant par une trappe
qui retombe après que l'animal y a pénétré pour
y saisir un œuf déposé d'avance. Ce dernier piége
a sur ceux à ressort l'avantage de ne pas blesser ou
tuer les chats et les chiens qui s'y feraient prendre.

Les *rats*, les *souris*, les *mulots* et *campa-
gnols* doivent être aussi l'objet d'une guerre active
parce qu'ils envahissent nos habitations, se nourrissent des mêmes aliments que nous, et s'attaquent
à nos récoltes et à nos magasins.

Le rat se risque dans toutes les parties de nos bâtiments et pousse sa confiance souvent jusqu'à l'effronterie.

La souris voyage moins que le rat. C'est dans le voisinage de ses lieux de retraite qu'il faut la poursuivre.

Le mulot et le campagnol coupent les jeunes plantes dans les champs. Ils savent même atteindre l'épi en grimpant sur la tige et c'est aux plus beaux d'entre les épis qu'ils donnent la préférence. Ils suivent la récolte dans les granges; ils se nourrissent de sa graine, ils coupent sa paille et lui communiquent une odeur qui répugne aux animaux auxquels elle est destinée. Le mulot et le campagnol mangent encore nos réserves de légumes, comme les pois, les salades, le céleri, l'artichaut, le choufleur, etc.

Moyens de destruction. — Les pâtes et les préparations arseniquées, la graisse de porc phosphorée, les piéges, la chasse par les chats.

Le phospore surtout attire les rongeurs par son odeur d'ail. On prépare la graisse phosphorée en faisant fondre 500 grammes de graisse de porc et en y ajoutant 1 gramme environ de phosphore. On l'étend sur des croûtes de pain que l'on dépose au fond des tas de granges et partout où on le juge nécessaire. Pour les pâtes arseniquées, il faut corriger la saveur désagréable de l'arsenic par du sucre ou du miel.

II. Oiseaux.

L'*émouchet*, l'*épervier*, le *busard* ou *écouve*, et tous les *oiseaux de proie* qui sortent le jour, font à la fois la guerre aux oiseaux insectivores de nos champs, comme l'alouette et la perdrix, au gibier, à nos pigeons et quelquefois même à nos autres oiseaux domestiques. Ils ne méritent donc aucune pitié sauf pourtant la *bondrée* qui ne se nourrit que de guêpes.

MOYENS DE DESTRUCTION. — La chasse au plomb et au filet.

III. Colimaçons, limaces, vers de terre.

Les *colimaçons* ou *escargots* se rencontrent surtout dans les jardins où ils se nourrissent des jeunes plantes pendant l'été. En hiver, ils se retirent dans les endroits abrités et dans les anfractuosités des murs où ils restent engourdis plusieurs mois au fond de leurs coquilles. Ils sont un mets très-recherché par certaines personnes.

MOYENS DE DESTRUCTION. — La chasse pendant l'hiver dans leurs retraites, la chasse pendant l'été, le soir, le matin ou dans les temps humides.

Les *limaces* sont de deux sortes : les *limaces rouges* et les *limaces grises*; ces dernières sont les plus petites mais les plus nombreuses et les plus nuisibles à l'agriculture et à l'horticulture;

elles détruisent les jeunes plantes avec une rapidité désespérante et fréquentent volontiers les caves et les laiteries où elles nécessitent une grande surveillance de la part des ménagères. L'insecte connu sous le nom de *carabe* ou *jardinière* leur fait une guerre active.

MOYENS DE DESTRUCTION. — On n'en connaît aucun qui soit bien efficace. Néanmoins, en voici quelques-uns que l'on peut essayer.

On répand de la chaux, de la suie, des cendres, sur la terre que l'on veut préserver des atteintes de la limace. On ne la tue pas de cette façon, mais on rend sa marche plus difficile et on la conduit ainsi à choisir une autre pâture. Ce moyen ne réussit que par un temps sec.

On peut aussi, le matin, s'il n'y a pas de rosée, faire passer le rouleau, qui écrase un certain nombre d'individus. On peut encore, de bonne heure le matin, répandre sur le sol un lait de chaux mélangé d'urine ou de l'eau de lessive qui fait mourir les limaces qui en sont atteintes.

Enfin, en parsemant la terre de feuilles de choux, dont les limaces sont très-friandes, et en les recueillant chaque matin, on y trouve attachés beaucoup de ces petits animaux que l'on donne en nourriture aux canards ou aux porcs.

Les *vers de terre* coupent les racines des plantes et se nourrissent d'humus. Ils recherchent principalement les terres légères et nouvellement fumées, tandis que le tassement du sol les met en fuite.

MOYENS DE DESTRUCTION. — Faire passer le rouleau ou les moutons ; arroser avec une préparation amère qui chasse ou fait mourir les vers.

IV. Insectes.

Il ne faut pas s'attendre à trouver ici des moyens infaillibles pour détruire les millions d'insectes qui dévastent nos campagnes ; dans l'état actuel de la science, on n'en connaît malheureusement encore aucun qui soit bien efficace pour préserver les grandes cultures contre les ravages de ces petits êtres presque insaisissables. On peut tout au plus essayer d'en diminuer le nombre en respectant soigneusement leurs ennemis naturels, qui sont d'autres insectes, la plupart des oiseaux et quelques autres animaux que nous ferons connaître. Mais trop souvent on voit le laboureur confondre tous les insectes dans une haine aveugle et écraser indistinctement tous ceux qu'il rencontre.

Il est donc indispensable qu'il sache reconnaître ses ennemis et ses auxiliaires, afin d'appliquer aux premiers seuls les moyens de destruction dont il pourra disposer. S'il n'a pas ainsi la satisfaction de les voir disparaître complétement de ses cultures, il aura tout au moins contribué à en diminuer le nombre et à sauver de la sorte une partie de sa récolte. C'est à ce point de vue que sont donnés les renseignements qui vont suivre. On ajoutera seulement ici, pour que les jeunes lecteurs puissent se rendre bien compte du genre de guerre qu'il convient de faire aux insectes, que ces petits êtres ailés qui tourbillonnent dans l'air, en été, ont déjà existé auparavant à l'état de ver informe et rampant. Ce ver, appelé *larve*, vit plus ou moins longtemps sous terre, dans l'eau, dans les racines, la tige, les feuilles et les fruits des plantes. Ce n'est qu'au bout d'un certain temps qu'il abandonne cette première forme pour se changer en insecte. C'est ainsi qu'une hideuse chenille devient un joli papillon, un ver blanc se métamorphose en hanneton, etc.

Les larves vivent sous terre aux dépens des plantes ou même naissent à l'intérieur de celles-ci qu'elles rongent au-dedans. Lorsqu'elles sont devenues des insectes, ces derniers pondent des milliers d'œufs donnant naissance à d'autres larves qui renouvellent les mêmes dévastations. Il y a donc intérêt à détruire, sous leur double forme, tous ces petits êtres malfaisants dont on va indiquer ci-dessous quelques-uns des plus principaux.

Altises. — L'altise ou puce de terre, ainsi nommée de la faculté qu'elle possède de sauter, vit aux dépens des plantes à l'état d'insecte comme à l'état de larve. Le lin, le houblon, le colza, le navet, le chou, la betterave, et même les céréales, nourrissent leurs espèces d'altises. Les œufs de ces insectes sont souvent déposés sur les graines que l'on sème.

MOYENS DE DESTRUCTION. — 1° Mêler de la fleur de soufre à la semence, de façon que les graines en soient bien recouvertes.

2° Arroser les plantes envahies par les altises avec une infusion d'absinthe préparée à raison de 500 grammes de cette plante par seau d'eau.

3° On a conseillé aussi de saupoudrer les carrés attaqués avec de la poussière de rue.

4° On détruit l'altise qui s'attaque au houblon en semant sur les pieds de cette plante de la chaux en poudre.

5° Certains cultivateurs détournent les altises qui recherchent le lin, en entourant leurs linières d'une bordure de plants de moutarde que ces insectes préfèrent à tout.

APIONS. — L'apion se rencontre surtout dans les endroits où l'on remise le trèfle. C'est un insecte fort petit, ayant la forme d'une poire à poudre, un bec allongé et une couleur verte. Il mange la graine de trèfle et fait mourir la fleur prématurément.

MOYENS DE DESTRUCTION. — Nuls de la part de l'homme. Il faut s'en remettre à la chasse de certains insectes appelés *ichneumons*, qui font périr les apions en déposant un œuf dans leurs corps.

ATOMAIRES. — Les atomaires sont de tout petits insectes qui se nourrissent des racines de la betterave et sortent même souvent de terre pour en ronger les feuilles. Ils apparaissent en mai et juin et plus rarement en juillet et août.

Moyens de destruction. — 1° Avant de semer les graines de betterave, les oindre avec de l'huile de cameline,

2° Faire la part de l'insecte en semant plus serré.

Charançons. — Le charançon, ou mieux la calandre, dépose un œuf dans chaque grain de blé. Cet œuf, sous l'influence de la chaleur, donne naissance à une chenille qui ronge le grain à l'intérieur sans que rien l'annonce à l'extérieur. Plus une année est chaude, plus les calandres sont nombreuses, et c'est dans le voisinage des cheminées qu'elles se développent d'abord. On peut les ranger parmi les insectes les plus nuisibles.

Moyens de destruction. — 1° Déposer sur le tas de blé des plantes aromatiques, telles que l'absinthe, le sureau, la sarriette, le houblon, etc., dont l'odeur passe pour faire fuir les calandres.

2° Ventiler les greniers et remuer fréquemment les tas de blé pour refroidir les grains et empêcher ainsi la ponte ou l'éclosion des œufs.

Chenilles. — Les chenilles sont la forme première de ces nombreux papillons si diversement nuancés que les enfants s'amusent à poursuivre pendant l'été. Presque toutes se nourrissent exclusivement de feuilles et commettent sur toute espèce de plantes des dégâts tels que des arrêtés préfectoraux ont dû intervenir pour prescrire leur destruction. Heureusement pour nos récoltes et nos arbres, les oiseaux et les petits insectes appelés *ichneumons* nous viennent en aide, en leur faisant une guerre acharnée mais néanmoins encore insuffisante pour anéantir cette funeste engeance, qui se multiplie dans des proportions vraiment colossales. Ainsi, pour ne citer qu'un exemple, la femelle du papillon Bombyx pond en moyenne 500 œufs qui produisent 500 chenilles. Admettez dans un jardin une centaine seulement de ces femelles, et souvent il y en a plus, vous aurez l'année suivante 50,000 chenilles qui, à leur tour, donneraient naissance à des millions d'autres, si nos amis les oiseaux et les ichneumons n'y mettaient bon ordre.

MOYENS DE DESTRUCTION. — 1° Rechercher sur les haies et les arbres les nids de chenilles et les anneaux formés des œufs du Bombyx, les détacher et les brûler.

2° Visiter souvent les choux et autres légumes pour écraser ou couper en deux, au moyen de ciseaux, les chenilles que l'on y trouve.

COURTILLIÈRES. — La courtillière se nourrit de larves, et pour cette raison elle mériterait notre protection si elle ne coupait les racines des plantes qui l'arrêtent dans sa chasse. Elle cause ainsi des dégâts tellement considérables que le jardinier s'est vu forcé de la classer parmi les ennemis dont il poursuit l'extermination sans pitié.

MOYENS DE DESTRUCTION. — 1° Arroser avec de l'eau tenant en dissolution de la couperose verte ou vitriol vert, 500 grammes pour 20 litres d'eau ; donner l'arrosage le soir au coucher du soleil, tous les jours pendant 10 jours, en arrosant le lendemain matin avec une eau douce et pure.

2° Arroser avec de l'eau mélangée de suie, de l'eau de savon noir, de l'eau de vaisselle, de l'eau de lessive.

3° On a recommandé aussi l'emploi du fumier de porc.

CRIOCÈRES. — Les criocères vivent sur l'oseille et sur l'asperge à l'état de larves et à l'état d'insectes parfaits ; ils sont donc nuisibles sous ces deux formes.

MOYEN DE DESTRUCTION. — Il n'en existe d'autre que celui de les prendre avec la main pour les tuer ; cette chasse n'est praticable que dans les très-petites cultures.

HANNETONS. — Le hanneton, à l'état de larve, est l'ennemi de toutes les cultures. Aucune racine ne paraît pouvoir échapper à cette chenille vorace ; celles des arbres comme celles des herbes sont détruites par elle. Cette larve, vulgairement connue sous le nom de *ver blanc*, se change en hanneton au bout de deux ans, et, sous cette dernière forme, pond des œufs dans la terre avant d'en sortir et en pond encore après sa sortie. On a vu des années où les hannetons sont assez abondants pour dépouiller les arbres en se nourrissant de leurs feuilles.

MOYENS DE DESTRUCTION. — Contre le ver blanc, on ne connaît d'autre moyen de destruction que de retourner la terre pour en tuer à la main le plus grand nombre et exposer le reste à la voracité des taupes, des hérissons, des chauves-souris, des carabes et des oiseaux tels que les pies, les corneilles, les sansonnets, les mésanges, etc., qui font aussi une guerre à outrance aux hannetons.

Les élèves des écoles primaires feront une bonne action en recherchant et en détruisant le plus possible de ces insectes dès leur apparition, afin qu'ils n'aient pas le temps de pondre leurs œufs.

HÉPIALES DU HOUBLON. — L'hépiale du houblon est un papillon de nuit qui dépose ses œufs d'un noir luisant au pied des plantes de houblon. Il en résulte des chenilles qui rongent les racines.

MOYEN DE DESTRUCTION. — Arroser les pieds de houblon avec de l'eau dans laquelle on a délayé de la fiente de porc.

IULES. — L'iule terrestre et l'iule des sables concourent, avec les altises et les atomaires, à la destruction des semis de betteraves. Leur vie de plusieurs années, leur énorme fécondité font de ces petits êtres des ennemis redoutables. On a remarqué que, si à côté d'un champ de betteraves attaqué par ces insectes, on sème l'année suivante une autre pièce de betteraves, celles-ci seront mangées en plus grand nombre encore.

Cependant un champ de betteraves n'est pas seulement ravagé par les ennemis qu'il attire ; il résulte d'expériences faites, que la graine elle-même et les têtes des betteraves recèlent beaucoup d'œufs d'iules qui ne tardent pas à donner naissance à une nombreuse population.

MOYEN DE DESTRUCTION. — La suie répandue sur la jeune plante a été employée avec avantage.

On fait aussi la part de l'insecte par des semis plus serrés.

PERCE-OREILLE. — Le perce-oreille ou forficule se nourrit de fruits dans les jardins et de graines d'œillette dans les champs.

MOYENS DE DESTRUCTION. — Il n'en existe aucun pour les champs.

Dans les jardins, on suspend au-dessus des fruits de petites bottes de tiges flétries ou des pots à fleurs renversés et garnis de foin. Les forficules s'y réfugient la nuit et chaque matin on les y saisit pour les tuer.

PUCERONS. — Les pucerons, dont il existe une infinité d'espèces, nous causent des dommages presque toujours considérables. Ils s'attaquent à toutes les plantes, mais de préférence au colza qu'ils anéantissent complétement et souvent plusieurs années de suite, dans un rayon très-étendu. On a calculé qu'une seule femelle de ces pernicieux insectes peut produire par des générations successives, du printemps à l'automne, près de cent millions de milliards de pucerons. On comprend qu'avec une telle facilité de reproduction, ces ennemis de toute végétation auraient bientôt anéanti toutes les plantes de la terre si on les laissait se multiplier en paix. Heureusement pour nous, ils ont de nombreux ennemis parmi lesquels il faut placer en première ligne les oiseaux et les bêtes-à-Dieu, qui acquièrent par là des droits à notre protection.

MOYENS DE DESTRUCTION. — Dans la petite culture, on peut employer les suivants : 1° Arroser les plantes attaquées avec de l'eau de savon, de l'eau de chaux, de l'eau salée, des décoctions d'absinthe, de tabac, de noyer, de suie, etc.

2° Promener autour des plantes un fourneau dans lequel on brûle du tabac.

Dans la grande culture, on est forcé d'abandonner cette destruction aux oiseaux et aux bêtes-à-Dieu.

PUNAISES GRISE ET BLEUE. — Les punaises grise et bleue piquent les feuilles du tabac pour en sucer la sève.

MOYEN DE DESTRUCTION. — Secouer chaque pied de tabac au-dessus d'un large sac attaché à un cercle qui le maintient ouvert, et tuer les punaises qui y tombent.

TAUPINS DES MOISSONS. — Le taupin des moissons, à l'état de larve, se nourrit des racines des plantes et surtout de celles de l'avoine, du blé et de la betterave. Il paraît rechercher les terrains humides et fuir ceux qui sont secs ou drainés.

MOYENS DE DESTRUCTION. — Il faut s'en rapporter à ses ennemis naturels, tels que le carabe et autres insectes bronzés, cuivrés ou dorés qui suivent le cultivateur dans le sillon et qu'on doit bien se garder de détruire.

Les oiseaux, les lézards et les petits quadrupèdes insectivores se nourrissent aussi des taupins.

TEIGNES DES BLÉS. — La teigne des blés dépose sur le grain un œuf donnant naissance à une larve qui ne produit guère moins de ravages que celle de la calandre. On reconnaît qu'un tas de blé est envahi par cette chenille lorsqu'il est recouvert de nombreux fils s'entrecroisant comme ceux d'une toile d'araignée. Dans cet état, le grain s'échauffe, contracte une mauvaise odeur et bientôt n'a plus aucune valeur.

Moyen de destruction. — Aérer et éclairer le grenier, remuer fréquemment le grain afin de chasser les teignes qui aiment le repos et l'obscurité.

CHAPITRE TREIZIÈME

Petits animaux utiles à l'agriculture.

Le chapitre précédent a pu donner une idée des pertes sérieuses, souvent même irréparables, auxquelles le cultivateur est exposé de la part de milliers d'ennemis presque insaisissables pour lui. Heureusement Dieu, dans sa providence, a su placer le remède près du mal en créant à côté de ces espèces malfaisantes une foule d'autres petits animaux, nos fidèles et infatigables alliés dans la guerre que nous devons faire pour la défense et la conservation de nos biens. Il est nécessaire que nous connaissions, autant que possible, ces auxiliaires si précieux, afin de les couvrir de notre protection ; c'est pourquoi nous allons passer en revue les principaux.

I. Quadrupèdes.

Chauves-souris. — Les chauves-souris se nourrissent d'un grand nombre d'insectes nuisibles et méritent, pour cette raison, toute notre protection. Un observateur a vu l'un de ces volatiles dévorer successivement treize hannetons ; un autre, soixante-dix mouches ; un troisième, douze grands papillons. Les chauves-souris sont donc loin de mériter la guerre qu'on leur fait trop souvent. Il se peut que leur figure et leurs habitudes nocturnes ne plaisent pas à tout le monde, mais elles sont inoffensives, et le cultivateur intelligent doit les compter parmi ses plus utiles auxiliaires.

HÉRISSONS. — Les hérissons n'ont pas non plus les sympaties générales : ce sont pourtant des animaux insectivores qui recherchent particulièrement les larves de hannetons, ce fléau de toutes les cultures. Il faut donc bien se garder de leur faire aucun mal et tâcher au contraire de les attirer dans les jardins.

LÉZARDS. — Les lézards sont sans cesse à la poursuite des insectes qui attaquent les espaliers et les vignes. Ils sont malheureusement trop peu nombreux.

MUSARAIGNES. — Les musaraignes recherchent, pour les manger, les insectes, les larves et les limaçons. Il importe de ne pas les confondre avec les souris, dont elles ont à peu près la taille, mais dont elles se distinguent par leur museau beaucoup plus allongé.

TAUPES. — Les taupes sont généralement considérées comme des animaux nuisibles, et on ne peut certainement nier les dégâts quelquefois considérables qu'elles commettent dans les terrains ensemencés. Néanmoins, elles ont quelque droit à notre indulgence à cause du grand nombre d'insectes, de larves et de vers qu'elles recherchent dans la terre pour les dévorer. C'est en faisant la chasse à ces ennemis de nos cultures qu'elles bouleversent les racines et les faibles plantes, dont elles ne se nourrissent aucunement.

Dans les champs où l'on renouvelle les plantes chaque année, il est certain qu'elles y font plus de mal que de bien et qu'on a raison de les y détruire. Mais dans les prairies, où les vers blancs abondent souvent et causent des pertes sérieuses, les taupes, en nombre modéré, ne peuvent rendre que d'utiles services. On en trouve la preuve dans un fait arrivé en Allemagne. Dans plusieurs contrées de ce pays, on était parvenu, par une chasse active, à faire disparaître toutes les taupes. Il en résulta que les vers blancs parurent par milliers et firent un tort considérable aux prairies. Depuis lors, on se montre moins radical dans la destruction des taupes.

II. Oiseaux.

C'est parmi les oiseaux que le cultivateur trouve ses plus nombreux et ses plus actifs auxiliaires pour la destruction des insectes et autres animaux nuisibles. Guidés par leur instinct et servis par leurs ailes, ces légers habitants de l'air sont bien plus à même que nous de découvrir les ennemis de nos cultures jusque dans leurs retraites les plus cachées. Nous allons indiquer les principaux.

OISEAUX NOCTURNES. — Le *hibou*, la *chouette* et l'*effraie*, partagent avec la chauve-souris l'aversion presque générale, et on va même dans quelques villages jusqu'à leur attribuer certaines influences néfastes sur la vie des personnes. On ne peut trop combattre une croyance aussi absurde que ridicule. Ce qu'il y a de positif, c'est que ces oiseaux de nuit font une grande consommation de rongeurs ou même de hannetons, et qu'à ce titre, loin de mériter nos persécutions, ils ont droit à toute notre protection.

OISEAUX A BEC FIN. — Les nombreux oiseaux qui ont pour signe distinctif un *bec fin*, sont tous insectivores. Les principaux sont les *sansonnets* ou *étourneaux*, les *fauvettes*, les *rouges-gorges*, les *rouges-queues*, les *bergeronnettes* ou *hoche-queue*, les *tariers* ou *grands traquets*, les *rossignols*, les *mésanges*, les *martinets*, les *hirondelles*, les *roitelets*, les *tarins*, les *alouettes*, les *grives*, les *merles*, les *piverts* et les *coucous*.

Tous ces innocents petits oiseaux délivrent nos champs et nos jardins des milliers d'ennemis qui les ravagent, et la plupart nous récréent en outre de leur chant agréable et varié. Le sansonnet se nourrit de chenilles, de vers et de limaçons ; on lui reproche seulement, ainsi qu'au merle, de s'attaquer aussi quelquefois aux cerises. Les mésanges recherchent les œufs d'insectes, les cousins et les pucerons ; un observateur en a vu une qui, en quelques heures, nettoya un rosier infesté d'environ 2,000 pucerons. Le martinet n'avale pas moins de 500 insectes par jour. L'alouette subsiste en partie de grains, mais elle se montre aussi très-friande d'insectes et surtout de la larve du taupin des moissons. Les merles et les grives ne mangent pas d'insectes, mais ils en nourrissent leurs petits. Les piverts becquètent le tronc des arbres pour y découvrir les insectes qui les rongent, et en cela ils sont plutôt utiles que nuisibles. Le coucou donne la préférence aux grosses chenilles velues que les plus petits oiseaux ne pourraient pas digérer, et on estime qu'il en consomme environ 170 par jour.

OISEAUX A GROS BEC. — Les oiseaux que l'on désigne sous le nom général de *gros-becs*, sont principalement granivores, et à cause des dommages que nous font quelques-uns d'entre eux, on serait tenté au premier abord de les proscrire. Mais des expériences très-concluantes, faites en certains pays, comme l'Angleterre et l'Amérique, ont prouvé qu'ils sont beaucoup plus utiles que nuisibles. En effet, tous nourrissent leurs petits avec des insectes, et si plusieurs ne dédaignent pas pour eux-mêmes le bon grain ou les fruits, qu'ils n'ont d'ailleurs pas toujours à leur libre disposition, on ne peut nier non plus qu'ils ne fassent une ample consommation des graines de mauvaises plantes qui, sans cela, infesteraient nos champs et nos jardins.

Les principaux oiseaux gros-becs sont les *chardonnerets*, les *linottes*, les *bouvreuils*, les *verdiers*, les *pinsons* et les *moineaux*.

Ces derniers surtout, à cause de leur nombre et de leur audace, sont ceux dont on pardonne le moins volontiers les déprédations. Cependant, il est maintenant reconnu qu'ils font une guerre très-active aux ennemis de nos cultures. Ainsi, on a calculé qu'un couple de moineaux, pendant les trois ou quatre couvées qu'il élève dans une année, porte à ses petits, en moins d'une semaine, environ 3,000 insectes, larves, chenilles ou vers. Un naturaliste du jardin des Plantes de Paris a trouvé, à l'entour d'un seul nid de ces oiseaux, les débris de 700 hannetons qui avaient servi à nourrir les petits.

En Angleterre, où l'on avait accordé une prime aux destructeurs de moineaux, il arriva qu'après cette extermination, les insectes et les larves se multiplièrent au point de rendre toute culture impossible. Les Anglais reconnurent alors leur erreur et se hâtèrent de réimporter chez eux un oiseau dont ils avaient eu le tort de mettre la tête à prix.

Dans les Etats-Unis d'Amérique, on ne connaissait pas primitivement notre moineau, et les récoltes de ce pays étaient dévastées chaque année par des myriades d'insectes. Les Américains eurent l'heureuse idée d'acclimater chez eux le moineau, et depuis lors ils ont vu diminuer considérablement le nombre des petits ennemis dont ils se plaignaient.

On doit donc admettre que les moineaux, malgré leurs torts à l'égard de nos fruits, nous rendent des services incontestables et, à ce titre, méritent que nous prenions en patience les incommodités auxquelles nous soumettent quelquefois leur nature pétulante et leur appétit vorace. Ce sont de ces hôtes gênants mais nécessaires, qu'il faut savoir châtier lorsqu'ils sont trop audacieux, sans pourtant s'en défaire irrévocablement.

Il nous reste maintenant à terminer la liste des oiseaux utiles à l'agriculture, en signalant aussi à l'attention de nos jeunes lecteurs la *pie*, le *corbeau* et la *corneille*, qui font également une chasse active aux insectes et à leurs larves. Le corbeau surtout, qui n'a pas toujours de la chair morte à sa disposition, fait volontiers sa pâture des vers blancs qu'il recherche dans le sillon, à la suite du laboureur.

On le voit donc, la plupart des oiseaux sont pour nous des auxiliaires indispensables, occupés incessamment à défendre contre des millions d'ennemis les fruits de nos labeurs. C'est pourquoi tout père de famille devrait sévèrement interdire la destruction des nids à ses enfants. Quant à ceux-ci, nous aimons à croire qu'il suffira de leur exposer l'utilité de ces petits êtres aériens, pour qu'ils les prennent désormais sous leur protection. Ils savent maintenant que la guerre qu'ils feraient aux insectivores pourrait un jour causer la ruine de leurs parents et l'appauvrissement de leur pays.

III. Amphibies.

Les *crapauds* et les *grenouilles* sont aussi de ces animaux dont on poursuit bien à tort la destruction. Les premiers surtout n'ont pas le don de plaire à tout le monde. Il circule à leur charge de contes plus ou moins absurdes ; et, dans certains villages arriérés, on n'a pas même honte de les considérer comme des agents très-actifs dans les sorts jetés sur les bestiaux par de prétendues sorcières. Ce qui seul est vrai, c'est que ces amphibies sont complétement inoffensifs ; leur bave, non plus que leur urine, n'est point venimeuse ; et comme ils se nourrissent, de même que la grenouille, de larves, de vers et de limaçons, nous aurions grand tort de leur faire le moindre mal. Paix donc aux crapauds et aux grenouilles, nos alliés dans la guerre d'extermination que nous poursuivons contre les nombreuses phalanges d'ennemis qui ravagent nos cultures.

IV. Insectes.

Nous avons assez médit de presque tous les insectes pour avoir maintenant la satisfaction d'en citer quelques-uns qui, bien loin de s'attaquer à nos récoltes, s'en constituent les défenseurs. Il est important que le cultivateur connaisse ces amis exceptionnels qu'il rencontre dans un peuple ennemi, afin de ne pas les envelopper, comme il l'a fait trop souvent, dans la haine qu'il porte à toute l'engeance en général. La liste de ces insectes utiles est malheureusement trop courte et ne comprend guère que les espèces suivantes : les *calosomes*, mangeurs de chenilles ; les *carabes* ou *jardinières*, qui se nourrissent de limaces et de vers blancs ; les *coccinelles* ou *bêtes-à-bon Dieu*, qui font une ample consommation de pucerons ; et les *ichneumons* qui, sans manger d'autres insectes, en font cependant périr un grand nombre en déposant dans leurs corps des œufs donnant naissance à des larves qui les rongent tout vivants. Nous recommandons ces diverses espèces à l'intelligente protection des cultivateurs et des élèves des écoles primaires.

CALENDRIER AGRICOLE

Janvier.

C'est la saison morte du cultivateur. — Réparation des instruments agricoles : on en assure l'entretien en les couvrant d'une couche de couleur jaune, très-conservatrice du bois, et que l'on peut préparer soi-même avec de l'ocre jaune et un peu de brun délayés dans de l'huile de lin.

En cas de gelée, on bouche soigneusement les ouvertures des silos ou grandes fosses dans lesquelles on conserve des betteraves, des carottes et des pommes de terre. — On profite du bon état momentané des chemins pour transporter la marne et la chaux sur les champs qui en ont besoin.

En cas de dégel, ou après une longue pluie, on visite les terres ensemencées ou labourées, et l'on y assure l'écoulement des eaux en réparant les rigoles qui sont obstruées.

Le cultivateur emploie ses moments de loisir à résoudre l'importante question de la succession des récoltes pour l'année courante.

Février.

Continuation des soins précédents. — Transport du fumier sur les champs. — Labours pour les semailles du printemps. — Semis de l'avoine. — Rouissage et teillage du lin et du chanvre.

Mars.

Semis du blé de mars, du trèfle commun, du sainfoin, de la féverole et du lin. — Troisième sarclage du colza de saison semé à la volée. — Binage du blé, du seigle et de l'orge semés en lignes en automne. — Hersage des céréales semées à la volée, et des vieux trèfles, sainfoins et luzernes ; plâtrage de ces plantes fourragères. — Roulage des terres légères soulevées par les gelées d'hiver. — Repiquage du houblon ; sarclage et buttage des vieilles houblonnières. — Semis du tabac sur pépinière.

Avril.

Semis en pépinière du chou de vache. — Dans la dernière quinzaine du mois, semis de la betterave, du colza de printemps, de la moutarde, de la chicorée, de l'œillette, de la cameline, du chanvre, et tout à la fin, de la luzerne. — Sarclage et binage de la féverole. — Nettoyage à la main du lin.

Mai.

Hersage de l'avoine. — Sarclage et binage de
la betterave, de l'œillette et du colza de mars.
— Echardonnage du blé. — Fauchage des fourrages verts.

Juin.

Fauchage et fanage de la première coupe des
foins, trèfles, luzernes et sainfoins. — Tonte des
moutons. — Repiquage du tabac.

Juillet.

Récolte du colza de saison. — Moisson de
l'orge et, vers la fin du mois, du seigle, de
l'hivernage et du blé. — Semis en pépinière du
colza de saison pour être repiqué en octobre. —
Dans les derniers jours, arrachage du lin et récolte de la moutarde.

Août.

Continuation de la moisson du blé et rentrée
des récoltes à la ferme. — Dans la dernière quinzaine du mois, semis du colza de saison cultivé
sans transplantation. — Moisson de l'avoine.
— Arrachage de l'œillette. — Déchaumage à l'extirpateur des champs récoltés pour faire germer
les mauvaises graines et les enfouir par les labours d'automne.

Septembre.

Fin de la moisson. — Récolte du tabac, de la féverole, de la cameline, du blé de mars et du colza de mars. — Au commencement du mois, arrachage des plantes mâles du chanvre, et dans les derniers jours, des plantes femelles. (Pour éviter toute confusion, il n'est pas inutile de faire remarquer ici que ces deux dénominations se font à rebours dans les campagnes : les plus petits pieds, qui sont les mâles, sont appelés chanvre femelle par les cultivateurs ; les plus forts, qui sont les pieds femelles et qui portent la graine, sont appelés chanvre mâle.)

Fauchage et fanage du regain des foins, trèfles, luzernes et sainfoins. — Cueillette du houblon. — Semis du trèfle anglais. — Repiquage du chou de vache. — Premier sarclage du colza de saison semé à la volée. — Chaulage, marnage et fumure avant les semailles. — Labours pour les semailles. — Battage des grains pendant ce mois et les suivants.

Octobre.

Récolte des betteraves, de la chicorée, et continuation des travaux préparatoires pour les semailles. — Semis de l'orge, du seigle, de l'hivernage et du blé. — Repiquage du colza de saison. — Second sarclage du colza de saison

semé à la volée. — Inspection et , au besoin ,
réparation des bâtiments de la ferme aux ap-
proches de l'hiver.

Novembre.

Labours des champs qui doivent être ensemencés au printemps , principalement des terres
argileuses. — Curage des fossés. — Fabrication
des composts. — Inspection et , s'il y lieu , réparation des rigoles d'écoulement.

Décembre.

C'est le commencement de la saison morte pour
le cultivateur. — Surveillance attentive des silos
pour s'assurer de la bonne conservation des produits qu'ils renferment. — Nouvelles visites aux
rigoles d'écoulement. — Au 31 décembre, clôture annuelle du registre de comptabilité : balance
des dépenses et des recettes.

HORTICULTURE

DEUXIÈME PARTIE

HORTICULTURE

CHAPITRE PREMIER

Notions préliminaires.

L'horticulture consiste à faire produire aux jardins les légumes et les fruits utiles à l'homme, et même les fleurs qui réjouissent la vue.

Elle est le complément naturel et indispensable de l'agriculture, puisqu'elle augmente notre bien-être en nous permettant de varier notre régime alimentaire pour le plus grand profit de notre santé.

Les règles tracées dans la première partie de cet ouvrage, pour les soins que réclame la terre cultivée en grand, conviennent en tous points à l'horticulture. Il suffit seulement de remarquer que l'application de ces principes peut et doit être plus minutieuse pour les jardins dont l'étendue est relativement beaucoup moindre que celle des champs.

Les labours sont donnés à la bêche au lieu d'être faits à la charrue; les binages et les sarclages sont plus fréquents et plus soignés que dans la grande culture, à cause de la délicatesse des légumes. En outre, il faut aussi à proportion une plus forte quantité d'engrais, parce que le même terrain, portant presque toujours plusieurs produits dans une année, s'épuise vite. Le fumier très-décomposé, connu des jardiniers sous le nom de beurre noir, est celui qui convient le mieux, car les plantes, devant arriver à maturité en quelques mois, ont besoin d'une nourriture toute préparée dont elles puissent profiter immédiatement. Il est enfin nécessaire de pratiquer des arrosages copieux et fréquents, sans quoi tous les soins imaginables ne pourraient suppléer au manque d'eau.

CHAPITRE DEUXIÈME

Culture naturelle. — Culture artificielle.

On peut cultiver les plantes en les semant et en les récoltant aux époques marquées par le climat du pays : c'est là ce qu'on appelle la culture naturelle, celle qui exige le moins de précautions et que l'on adopte dans la généralité des cas.

Mais il y a une autre méthode suivie quand on veut obtenir des produits précoces appelés primeurs : c'est ce qui fait l'objet de la culture artificielle. Celle-ci se pratique en employant les *couches*, les *cloches*, les *ados* et les *abris*.

Les *couches* sont des tas de fumier frais de cheval ou de mouton recouverts de terreau, et contenus dans des cadres en bois fermés par des châssis vitrés. Le fumier frais dégage une grande chaleur qui fait germer rapidement les graines déposées dans le terreau. On arrose ensuite fréquemment les plantes, qui arrivent ainsi très-vite à maturité. Pendant les nuits froides du printemps, il faut avoir la précaution de couvrir les châssis vitrés au moyen de paillassons.

Les *cloches* remplissent pour quelques plantes isolées le même but que les châssis vitrés sur les couches.

Les *ados* se forment en disposant le terrain en pente du côté du midi. On les appuie ordinairement contre un mur qui les protége contre le vent du nord.

Les *abris* sont tout ce qui empêche le froid ou la trop grande chaleur du soleil d'atteindre les plantes et de leur nuire. Les clôtures des jardins, une rangée d'arbustes touffus, des paillassons tenus debout à l'aide de piquets, et le fumier long, sont les abris les plus usités.

CHAPITRE TROISIÈME

Légumes.

I. Pomme de terre.

L'étendue du jardin n'est pas toujours suffisante pour que la pomme de terre y trouve place ; mais, qu'elle soit cultivée là où dans les champs, les soins qu'elle réclame sont les mêmes. Les sols les plus secs et les plus légers lui conviennent de préférence ; elle donne souvent aussi d'abondantes récoltes dans les terrains tourbeux.

Les espèces les plus cultivées sont les *parmentières* ou *grosses jaunes*, très-farineuses et hâtives ; les *violettes* ou *pommes de terre longues* ; les *bleues* ; enfin, deux variétés très-précoces appelées *sept semaines* et *neuf semaines*.

L'usage général est de les reproduire toutes par leurs tubercules coupés en plusieurs morceaux munis chacun de plusieurs yeux. Vers la fin de février et en mars, on enfouit ce plant à la bêche en faisant des trous distants les uns des autres de 40 à 45 centimètres.

On bine les pommes de terre dès qu'elles sont bien levées et on les butte à la rasette trois semaines après. Les espèces les plus hâtives sont mûres en mai et en juin. Les tubercules destinés à la reproduction doivent être récoltés un peu avant maturité.

La pomme de terre, dans le cours de sa végétation, est souvent sujette à une maladie qui la fait pourrir et la rend par cela même impropre à l'alimentation. Le mieux est donc de ne cultiver que des espèces hâtives que l'on peut récolter avant que l'épidémie se soit déclarée. On croit aussi qu'il est préférable, à ce point de vue, de ne pas planter directement sur fumure.

II. Carotte.

On cultive plusieurs variétés de carottes dont les principales sont : 1° la *carotte jaune de Flandre*; 2° la *carotte jaune d'Achicourt* ; 3° la *carotte rouge de Meaux* ; 4° la *carotte courte précoce*, appelée aussi *toupie de Hollande*. Toutes ces variétés ne doivent pas être semées sur fumier frais, si l'on veut les préserver de la ramification. On sème à la volée ou mieux en lignes espacées entre elles de 20 à 25 centimètres, ce qui permet de donner à la carotte un binage qui active sa croissance. On éclaircit lorsque les racines sont grosses comme le petit doigt.

Les semis ont lieu dans la première quinzaine de mars, et peuvent être renouvelés en juillet.

La carotte est souvent attaquée par un in-

secte nommé *théridion*, assez semblable à l'a-
raignée. Le meilleur moyen de s'en défaire est
de saupoudrer la plante de suie ou de l'arroser
avec une forte infusion de tabac.

III. Navet.

Les variétés de navets les plus cultivées sont
le *navet blanc long de Clairefontaine*, le petit
navet nankin de Finlande et le *navet jaune de
Freneuse*. On les cultive toutes les trois de la
même manière. Les semis peuvent avoir lieu en
mars, mais ils se font plus souvent en juillet
et août. On choisit de préférence un terrain
sablonneux, et on éclaircit le plant de bonne
heure, afin que les racines des navets puissent
prendre tout leur développement.

IV. Panais.

On connaît deux espèces de panais, l'une à
racine courte, propre aux terrains peu profonds,
l'autre à *racine longue*, qui ne réussit que dans
un sol très-profond. On les sème indifféremment
au printemps ou en automne en lignes espacées
entre elles de 20 centimètres, et on éclaircit le
plant peu après qu'il est levé. Le panais résiste
parfaitement aux froids les plus rigoureux.

V. Radis.

On cultive trois variétés de radis : le *rose*, le

blanc et le *jaune;* le rose est généralement préféré. Les semis se font depuis le commencement de mars jusqu'à la fin de juin ; pendant les grandes chaleurs, on n'obtiendrait que des radis de mauvaise qualité, creux et tout fendillés. Il faut choisir pour cette culture un sol riche en terreau et arroser beaucoup. En moins d'un mois, le radis est arrivé à maturité.

VI. Oignon.

Les variétés d'oignons peuvent se réduire à trois : le *jaune*, le *blanc* et le *violet*. Le jaune est le plus cultivé, mais le blanc est plus précoce. Les semis se font en mars et avril dans un sol riche en terreau, mais pas sur fumier frais, sans quoi les feuilles se développeraient outre mesure tandis que les bulbes resteraient petits et se fendraient en deux. On sarcle et on éclaircit quand le plant est bien levé. Un peu plus tard, on tord les feuilles pour faire grossir les bulbes. On reconnaît que l'oignon est mûr et ne grossira plus quand les tiges jaunissent et se fanent.

VII. Ail.

L'ail, dont la culture est particulièrement en honneur dans les environs d'Arleux, demande un terrain bien sec, car il pourrit en terre pour peu qu'il y ait excès d'humidité. On le reproduit par les caïeux des bulbes dont on ôte la mem-

brane enveloppante au moment de la plantation.
Celle-ci a lieu en mars et avril; on place les
caïeux à 8 ou 10 centimètres de distance. On
sarcle plusieurs fois quand le plant est levé, mais
on n'arrose jamais. La récolte se fait quand les
tiges jaunissent et se fanent; on laisse l'ail exposé à l'air et au soleil pendant plusieurs jours,
puis il est lié en bottes que l'on suspend dans
un lieu sec.

VIII. Echalotte.

L'échalotte demande le même terrain que l'ail,
et se reproduit également au moyen des caïeux,
qu'il ne faut enterrer qu'à moitié si l'on veut
qu'ils ne pourrissent pas. Elle mûrit plus vite
que l'ail et peut être récoltée dès les premiers
jours de juin. La plantation se fait en mars et
avril.

IX. Poireau.

On sème d'abord la graine de poireau en pépinière, partie en mars et partie en avril, pour
avoir du plant à repiquer en mai et en juin.
Ce plant est mis en lignes à la distance de 5 à
7 centimètres en tous sens, après qu'on a coupé
l'extrémité des feuilles et raccourci de moitié
les racines de chaque poireau. Il faut l'arroser
jusqu'à ce qu'il soit bien repris.

X. Haricot.

Les haricots peuvent être rangés en deux catégories bien distinctes : les *haricots à rames* et les *haricots sans rames* appelés aussi *haricots nains*.

Le meilleur des haricots à rames est le *blanc de Soissons*; puis, viennent le *haricot sabre*, ainsi nommé de l'arme dont il imite la forme, et le *haricot princesse*, l'une des variétés connues sous le nom de *mange-tout* Ce dernier est cultivé pour être consommé y compris les cosses à l'état frais; les autres se mangent indifféremment comme légume vert ou comme grain sec.

Parmi les haricots nains, on distingue le *hâtif de Hollande* et le *flageolet de Paris*. Le premier est plus précoce que le second, mais celui-ci est plus productif.

Toutes les variétés à rames ou sans rames se sèment en mai; toutefois, on peut encore faire des semis jusqu'en juillet pour obtenir des haricots destinés à être mangés verts.

On plante en lignes à 50 centimètres de distance pour les haricots à rames, et à 40 centimètres pour les haricots nains. On dépose dans chaque trou cinq ou six grains en ayant soin qu'ils ne se touchent pas, et il est très-bon de les recouvrir avec des cendres de bois ou de tourbe. On place les rames au moment du semis si l'on veut, en ayant soin d'en rapprocher et lier les sommets deux à deux pour leur permettre de mieux résister aux coups de vent.

Quand les haricots sont bien levés, on les bine deux fois à quinze jours de distance. La récolte des grains secs se fait en plusieurs fois au fur et à mesure que les gousses mûrissent. Les haricots réservés comme semence ne doivent être écossés qu'au moment de s'en servir.

XI. Pois.

Comme les haricots, les pois se partagent en deux divisions : les *pois à rames* et les *pois sans rames* ou *pois nains*.

Parmi ceux de la première catégorie, on distingue les *pois de Champigny*, de *Marly*, de *Clamart*, et le pois ridé de *Knight*. Ils sont peu précoces et viennent de préférence dans un sol sablonneux, fumé l'année précédente.

Les meilleurs pois nains sont le *Michaux de Hollande*, le plus hâtif de tous, le *prince Albert* et la *reine des nains*, remarquables aussi par leur précocité.

Les pois à rames se sèment dans la première quinzaine de mars et les pois nains en février. Les semis se font comme pour les haricots, et les soins de culture sont les mêmes. Seulement, quand les pois nains sont en pleine floraison, on retranche le sommet des tiges pour favoriser la formation des grains.

XII. Fève.

On distingue la *fève de marais*, qui est de grande taille, et la *fève julienne*, qui est naine, précoce et d'excellente qualité. On les sème en lignes l'une et l'autre à la fin de février, en mettant deux graines dans chaque trou. Quand les plantes ont atteint 10 centimètres de haut, on les bine, puis, on les butte légèrement ; plus tard, lorsqu'elles sont en fleurs, on retranche le sommet de chacune, comme pour les pois nains.

En ce qui concerne les espèces précoces, si, après une première récolte, on coupe les tiges au niveau du sol, il en repousse bientôt d'autres qui portent fruit avant la fin de l'automne.

La fève est souvent attaquée par le puceron noir qui épuise les tiges en les suçant. On les en débarrasse par un arrosage avec une infusion de tabac.

XIII. Chou.

Les choux se divisent en plusieurs catégories, savoir :

1° Les *choux cabus*, à pomme ronde et à feuilles lisses, parmi lesquels on distingue le *chou blanc d'Alsace*, le *chou rouge*, le *chou frisé de Milan* et le *chou de Bruxelles*.

2° Les *choux à pomme conique*, dont les plus estimés sont le *pain de sucre*, le *chou d'York* et le *chou de Poméranie* ; ce dernier devient très-gros.

3° Les *choux verts*, qui ne pomment pas et dont les meilleurs sont le *vert frisé*, le *frisé panaché* et le *frisé tricolore*. Ils restent toujours verts et sont insensibles au froid.

Quelles que soient les variétés adoptées, il faut d'abord en semer la graine en pépinière, en mars, avril et mai, pour avoir des choux une bonne partie de l'année. Quand le plant est bien venu, on le repique en lignes à 30 centimètres en tous sens, et on l'arrose abondamment jusqu'au moment où il est bien repris.

XIV. Choufleur.

Le choufleur, dont la culture est particulièrement en honneur à Sin, comprend trois variétés principales connues sous les noms de *tendre*, *demi-dure* et *dure*. Le choufleur tendre est le plus précoce ; le demi-dur est un peu moins hâtif, et le dur croît très-lentement, mais il résiste au froid mieux que les deux autres.

Quand on désire obtenir des choufleurs de bonne heure au printemps, on sème, entre le 15 août et le 15 septembre, de la graine de la variété tendre. Dès que le plant est bien venu, on le repique sous châssis froid où il passe l'hiver, puis, en février et mars, ce plant est définitivement mis en place à l'air libre. On l'arrose alors jusqu'au moment où il est bien repris.

La graine du choufleur demi-dur se sème en février et mars, de préférence sur couche pour en hâter la croissance, et on repique le plant dans les derniers jours d'avril. On obtient ainsi des produits en juin et juillet.

Quant aux choufleurs durs, on en sème la graine à l'air libre au commencement de mai. Moyennant quelques sarclages, on peut se dispenser de repiquer le plant qui a seulement besoin d'être arrosé en cas de sécheresse prolongée. Cette troisième variété de choufleurs donne ses produits à la fin de l'automne.

XV. Artichaut.

Il existe plusieurs variétés d'artichauts, mais c'est l'*artichaut de Laon* qui est le plus estimé. On le reproduit généralement par les rejetons qui naissent près des anciens pieds. Ces rejetons, pour ne pas périr en hiver, doivent être recouverts de fumier long pendant les neiges et les gelées; au printemps, on les transplante à 80 centimètres de distance les uns des autres, dans un terrain bien fumé, et on arrose régulièrement trois fois par jour jusqu'au moment de la récolte. C'est à cette condition seule qu'il est permis d'espérer de beaux produits en août et septembre. Aussitôt les artichauts cueillis, les rejetons sont mis en réserve pour la prochaine plantation, et les anciens pieds arrachés, car ils ne pourraient supporter l'hiver dans le Nord.

XVI. Céleri.

Le céleri comprend plusieurs variétés dont les principales sont le *céleri commun*, le *frisé* et le *céleri-rave*.

On en sème la graine en pépinière dans le mois d'avril, et le plant est mis en place à la fin de mai dans un terrain où l'on creuse des fosses de 1 mètre de largeur, de 40 centimètres de profondeur, et dont on a soin de bien fumer le fond. Les pieds de céleri sont transplantés dans ces fosses à 25 centimètres les uns des autres et copieusement arrosés. On lie les feuilles à mesure qu'elles croissent pour les faire blanchir, et on butte la plante plusieurs fois avec la terre des ados; le céleri-rave n'a pas besoin d'être butté. Au commencement de l'hiver, les pieds de céleri sont enlevés en mottes et plantés dans du sable frais à la cave où ils se conservent jusqu'au printemps.

XVII. Oseille.

Les meilleures variétés d'oseille sont l'*oseille de Belleville*, l'*oseille de Hollande*, et l'*oseille vierge*, ainsi nommée de ce qu'elle ne donne ni fleurs ni graines. Ces trois variétés se reproduisent soit par la division des touffes au printemps, soit, pour les deux premières seulement, par des semis en bordure. On expose la plantation en plein soleil si l'on veut obtenir une oseille très-acide, et on la place à l'ombre si l'on désire une oseille plus douce. Dans le cours de la végétation, on coupe les tiges florales à mesure qu'elles se forment. Pendant les gelées, on recouvre l'oseille d'une couche de paille; c'est à cela que se bornent les soins de culture.

XVIII. Epinard.

On cultive trois variétés principales d'épinards : l'*épinard commun*, l'*épinard de Hollande* et l'*épinard d'Esquernes*. On en sème la graine au printemps ou à la fin de l'été, et il ne reste plus qu'à éclaircir quand le plant est bien levé.

XIX. Asperge.

Le terrain destiné à la culture de l'asperge doit recevoir une forte dose de fumier de vache, et être disposé en fosses séparées par des ados, comme il a été dit pour le céleri. On dépose le fumier au fond des fosses où on l'enfouit à la bêche, puis, on recouvre le sol bien égalisé d'un peu de terreau. On sème alors, vers le milieu de mars, la graine d'asperge sur trois lignes dans chaque fosse; on fait pour cela de petits trous espacés entre eux de 25 centimètres et dans chacun desquels on dépose deux graines. Nous recommandons la variété de *Marchiennes*, très-renommée dans le pays.

Quand les jeunes asperges sont grandes de 5 à 6 centimètres, il faut les sarcler en arrachant, à la main, la mauvaise herbe et renouveler au besoin ce nettoyage. A partir de la seconde année, on leur donne au printemps une demi-fumure en couverture, et, en novembre, on en coupe les tiges au niveau du sol, après quoi l'on jette dans les fosses quelques centimètres de terre prise aux ados. C'est la quatrième année seulement que l'on obtient les premières asperges, mais les carrés bien soignés restent généralement productifs pendant douze ou quinze ans. La récolte des asperges exige de grandes précautions afin de ne pas endommager les griffes, qui sont très-délicates.

Après cinq ou six ans, la terre des ados, enlevée par petite partie chaque année, a fini par combler les fosses, de sorte que l'on a un sol uni. On continue néanmoins de prendre de la terre à la place des ados pour les rechargements annuels, et on obtient ainsi à la longue de nouvelles fosses dans un terrain neuf où l'on fait une seconde plantation quand la première est épuisée, car il ne faut pas perdre de vue que tout terrain qui a produit des asperges n'en peut plus porter avant dix ou douze ans.

Une autre méthode de culture consiste à semer les asperges en pépinière, puis, au bout de deux ans, à transplanter les griffes ainsi obtenues dans des fosses semblables à celles dont il a été parlé ci-dessus. Les autres soins sont les mêmes que pour les semis en place, mais on obtient des produits à partir de la troisième année.

XX. Laitue.

La laitue, cultivée pour être mangée en salade, présente deux variétés bien marquées : les *laitues à pommes rondes* et les *laitues à pommes allongées*, qu'on appelle plus communément *romaines*.

Parmi les premières, il faut distinguer les laitues de printemps, les laitues d'été et les laitues d'hiver. On en sème la graine sur couche ou à l'air libre, selon la saison et l'espèce cultivée, puis on repique le plant ainsi obtenu à des distances en rapport avec le volume probable des laitues. On doit arroser celles-ci fréquemment si l'on veut les empêcher de monter en graine.

La romaine exige les mêmes soins de culture que la laitue à pomme ronde ; mais en outre, il est nécessaire, au moment où elle se ferme au sommet, de la lier vers le milieu, afin que les feuilles intérieures deviennent blanches et tendres.

XXI. Endive.

On donne généralement dans le Nord, surtout dans les campagnes, le nom d'endives à toutes les variétés de chicorée frisées ou non frisées. Elles se cultivent absolument comme la romaine. Les semis à l'air libre se font à partir de la fin de février, et se continuent jusqu'en août. On a soin de ne recouvrir la graine que très-légèrement, sans quoi elle ne lèverait pas. Dès que le plant est bien venu, on le met en place et on l'arrose très-souvent; plus tard, l'endive est liée comme la romaine.

XXII. Salade de blé.

La salade de blé, appelée quelquefois aussi doucette, ne réclame d'autre soin que celui de la semer. Elle est plus tendre quand elle croît sur un terrain fertile; les fortes gelées l'améliorent également. On la sème en août et septembre et même en octobre si le beau temps se prolonge.

XXIII. Persil.

On distingue deux variétés de persil : le *persil commun* et le *persil frisé*. Le premier a une grande ressemblance avec la plante vénéneuse nommée *ciguë*, ce qui a donné lieu à de regrettables accidents. Il serait donc prudent de ne cultiver que la seconde variété, dont la feuille frisée ne peut être confondue avec la ciguë.

On sème le persil dans les derniers jours de février, et il ne lève qu'au bout de cinq ou six semaines. Si on veut l'empêcher de monter en graine dès sa seconde année, il faut en couper les tiges à mesure qu'elles se forment, la durée de la plante se prolonge ainsi pendant trois ans.

XXIV. Cerfeuil.

Le cerfeuil, comme le persil, présente deux variétés : le *cerfeuil commun* et le *cerfeuil frisé*. Le premier a aussi quelque analogie avec la petite ciguë; il est seulement d'un vert plus clair et n'a pas de feuilles aussi pointues que celles de la plante vénéneuse. Il vaudrait donc mieux s'en tenir à la culture du cerfeuil frisé qui n'offre point cette fatale ressemblance avec la ciguë.

On commence à semer le cerfeuil dans les derniers jours de février à l'exposition du nord ou de l'est; mais, comme la plante monte très-rapidement en graine, il faut renouveler les semis chaque quinzaine pendant toute la belle saison. Il n'y a pas d'autres précautions à prendre que d'arroser en cas de sécheresse.

XXV. Estragon.

L'estragon, que beaucoup de gens de la campagne appellent aragon, en en estropiant le nom,

est une plante aromatique dont on fait grand
usage dans le Nord pour relever le goût du fromage blanc de ferme. On l'ajoute souvent aussi
au vinaigre dans lequel on met confire des cornichons, et il fait quelquefois partie des fourni-
tures de salade. On le multiplie par la division
des touffes, et, comme il craint beaucoup l'humidité, on a soin de le placer dans un terrain
bien sec. De temps en temps, on coupe toute la
plante au niveau du sol, car les vieilles tiges
sont trop dures et trop aromatiques. C'est à cela
que se bornent tous les soins de culture.

CHAPITRE QUATRIÈME

Plantes à fruits.

I. Fraisier.

Le fraisier présente une foule de variétés que
l'on peut ranger en deux sections bien distinctes :
les *fraisiers remontants*, qui portent fruit plusieurs fois dans le cours de la belle saison, et les
fraisiers non remontants, qui ne rapportent qu'une
seule fois l'année.

Parmi ceux qui remontent, les meilleurs sont
le *fraisier des Alpes* des quatre saisons, le *fraisier
de Monthléry* et le *fraisier buisson de Gaillon*.

Il leur faut un terrain plutôt léger qu'argileux, et abondamment fumé. On les multiplie soit par des semis, quand on désire obtenir des variétés nouvelles, soit, au cas contraire, au moyen du plant provenant des filets, soit encore par la division des touffes pour les variétés qui ne filent pas.

Lorsqu'on a l'intention de faire des semis, on s'abstient de cueillir quelques-unes des plus belles fraises, et, aussitôt qu'elles sont desséchées, on en détache la graine que l'on sème immédiatement dans du terreau. Le plant obtenu ainsi est repiqué à l'air libre, et porte fruit dès l'année suivante.

Si l'on veut multiplier le fraisier au moyen des filets, on arrache ceux-ci dans les premiers jours de juillet, puis, après avoir supprimé une partie de leurs feuilles et raccourci de moitié leurs racines, on les abandonne jusqu'en août. On les met alors en pépinière à l'abri du grand soleil, on arrose tous les jours, et le plant n'est définitivement mis en place que dans la dernière quinzaine de septembre.

Dès que les fraisiers sont bien repris, il n'y a plus d'autres soins de culture que d'arroser pendant les chaleurs et de supprimer les filets à l'exception de ceux qu'on réserve pour de nouveaux plants. Au bout de trois ans, toute fraisière est épuisée et doit être supprimée.

Parmi les fraisiers non remontants, les principaux sont le fraisier *prince impérial*, le fraisier *prince Albert*, le fraisier *Goliath*, le fraisier *du Chili*, le plus précoce de tous, et enfin le fraisier *liégeois*, qui donne les plus gros fruits. Ils se recommandent tous par leur rusticité et n'ont pas besoin d'être arrosés, car ils donnent leurs fraises avant les fortes chaleurs. On les multiplie de la même manière que les fraisiers remontants, mais ils durent une année de plus. Après la récolte des fruits, ils ne réclament plus d'autre soin que la suppression à plusieurs reprises des filets qui ne doivent pas être employés.

II. Tomate.

On cultive deux variétés de tomates, la *rouge* et la *jaune*; la première est généralement préférée. Cette plante étant très-sensible au froid, il vaut mieux, sous le climat du Nord, en semer la graine sur couche tiède, en mars; le plant est mis en place dans le courant de mai et abrité au nord par des paillassons. Aussitôt que les tiges sont bien garnies de tomates parvenues à toute leur grosseur, on en pince les extrémités pour les empêcher de croître davantage, et faire refluer la sève vers les fruits déjà bien formés, qui augmentent encore ainsi de volume. Au moment des premières gelées blanches, les tomates à demi-mûres sont cueillies et déposées dans la cuisine

où la chaleur les colore ; elles sont alors aussi
bonnes que les autres.

III. Cornichon.

Le cornichon est sensible au froid comme la
tomate ; aussi, ne le sème-t-on que vers le milieu
de mai. On ouvre d'abord, à 80 centimètres de
distance les uns des autres, des trous profonds
de 30 centimètres ; on les remplit à peu près
de fumier à demi - consommé que l'on recouvre
de terre mélangée de terreau, et l'on dépose deux
graines dans chaque trou. Quand le plant est bien
levé, on le pince à plusieurs reprises pour le
faire ramifier. Plus tard, lorsque les fruits sont
déjà formés et en nombre proportionné à la
vigueur des tiges, on supprime les extrémités de
celles-ci pour en arrêter la croissance et faire
grossir les cornichons. Il faut prodiguer les
arrosages.

IV. Citrouille.

On cultive trois variétés de citrouilles : la
grosse *citrouille commune*, la *boule de Siam* et
la *citrouille verte de Hongrie*. Ces deux dernières
sont préférables à la première, parce qu'étant
moins vides à l'intérieur, elles ne sont pas aussi
sujettes à la moisissure, et peuvent se conserver
plus longtemps après avoir été cueillies.

Toutes les citrouilles sont très-sensibles au froid

et ne se sèment à l'air libre que dans le milieu de mai. On ouvre pour cela des trous larges d'un mètre, et profonds de 50 centimètres, après les avoir remplis de fumier et de terreau, comme il a été dit pour le cornichon, on dépose trois graines dans chaque trou. Aussitôt que le plant a pris ses premières feuilles, il faut l'arroser tous les jours très-abondamment. On ne pince pas les tiges, mais si elles continuent à s'allonger lorsque le fruit est déjà gros, on les coupe un peu au-dessus de ce dernier.

CHAPITRE CINQUIÈME

Arbres fruitiers.

Il ne peut être question ici que d'un très-léger aperçu sur les soins généraux qu'il convient de donner aux arbres fruitiers. Les détails appartiennent nécessairement à des ouvrages beaucoup plus étendus, et encore sont-ils toujours bien insuffisants si l'on ne joint pas, sous une bonne direction, la pratique à la théorie.

Les arbres du jardin de la ferme doivent, avant tout, être d'une culture facile, vu le peu de temps qu'il est possible de leur consacrer. On les place à des distances convenables, selon le développement propre à chaque espèce, afin qu'ils ne se gênent pas réciproquement. Ils demandent un sol profond d'au moins un mètre et demi.

Le cerisier, le prunier et le pommier viennent mieux en plein vent; le noyer et le noisetier ne sont jamais plantés autrement; le pêcher préfère l'espalier; enfin, le poirier et l'abricotier se trouvent bien des deux modes de plantation. Celle-ci a lieu à l'automne dans les terres légères, et au printemps dans les terres humides.

Quand on transplante des arbres, on doit en couper une partie des branches et raccourcir les autres pour ménager la sève. S'ils sont placés en espaliers, il ne faut pas trop approcher les racines du mur, qui en gênerait le développement.

Les arbres fruitiers se propagent quelquefois et très-lentement par semis, mais plus communément et plus rapidement par la greffe. Cette opération consiste à transporter et à souder en quelque sorte sur la tige d'un arbre une petite branche enlevée à un autre arbre, dont on veut reproduire l'espèce. On greffe de plusieurs façons; les plus usitées sont la *greffe en fente* et la *greffe en couronne*; elles ont lieu l'une et l'autre au printemps. Pour pratiquer la première, on coupe d'abord la tige du sujet à greffer, ou seulement l'une de ses branches, à une hauteur indéterminée, puis, on y fait de haut en bas une fente de 4 ou 5 centimètres, dans laquelle on place la greffe munie de trois bons yeux. Il ne reste plus alors qu'à entourer d'une ligature la partie opérée, et à couvrir la plaie avec un mélange de bouse de vache et de terre glaise, appelé *onguent de Saint-Fiacre*.

La greffe en couronne diffère de la précédente en ce qu'au lieu de fendre l'arbre, on introduit plusieurs greffes entre l'écorce et le bois tout autour du tronc coupé. Cette méthode est préférée quand il s'agit de sujets trop gros pour être fendus.

Les arbres fruitiers doivent, pour la plupart, être soumis chaque année à la taille. Cette opération, qui est essentiellement du ressort de la pratique, a pour but, d'abord de retrancher les branches inutiles, puis de favoriser sur les autres la production du fruit. Il faut être bien au courant de la végétation particulière de chaque espèce d'arbres, et être guidé par une longue expérience, pour pratiquer la taille d'une manière rationnelle.

Tous les deux ou trois ans, il est très-bon de bêcher au pied des arbres, et d'y enfouir de l'engrais. Il n'est pas moins utile d'enlever la mousse qui couvre le tronc des vieux arbres et de blanchir à la chaux leur écorce fendillée, afin de détruire les insectes et leurs œufs. Enfin, l'échenillage doit être l'objet des plus grands soins. On enlève les branches autour desquelles les nids de chenilles sont souvent attachés en une série d'anneaux, et on les brûle immédiatement. Les jeunes

élèves des écoles primaires ne peuvent rendre de
plus important service à l'agriculture comme à
l'horticulture que celui de rechercher et de détruire
ces nids.

CHAPITRE SIXIÈME

Fleurs.

Si modeste que soit un jardin, il y manque-
rait certainement quelque chose s'il n'était émaillé
de quelques fleurs destinées à réjouir la vue et
à faire l'ornement de la principale pièce de la
maison. Comme, en général, les travaux des
champs ne permettent de consacrer que bien peu
de temps à la culture de ces plantes d'agrément,
le choix de la fermière portera naturellement sur
les moins délicates, qui ne sont pas du reste les
moins belles. C'est ainsi que le plus souvent les
plates-bandes seront garnies avec la rose, la
violette, l'œillet, la giroflée, la tulipe, le lis, la
renoncule, l'héliotrope, le dahlia, la pivoine, la
balsamine, le réséda, le muguet, et d'autres,
selon le goût des personnes et la place disponible.
Toutes ces fleurs, groupées avec art pour en
faire ressortir la richesse et l'éclat des couleurs,
présentent un tableau charmant auquel s'ajoute
encore le doux parfum qu'elles exhalent.

Le lilas se trouve mieux aux extrémités des allées ou au centre d'une corbeille. Les plantes grimpantes, telles que le volubilis, le pois de senteur, la capucine, le chèvrefeuille, servent à former des berceaux, des rideaux de verdure aux embrasures des fenêtres ou à tapisser les vieux murs. En un mot, il ne coûte qu'un peu de bonne volonté et quelques arrosages pour avoir la satisfaction de posséder des fleurs pendant la plus grande partie de l'année.

Le cadre restreint de cet ouvrage ne permet pas d'entrer ici dans de plus longs détails sur une culture d'ailleurs des plus simples et des plus agréables. Toutefois, notre but sera atteint si ces quelques mots suffisent pour faire naître chez nos jeunes lecteurs le désir de trouver, dans l'entretien d'un petit parterre, la source d'une foule de jouissances et de joies bien innocentes.

CHAPITRE SEPTIÈME

Principales plantes médicinales [1].

Les médicaments du pharmacien coûtent tellement cher, que la bourse du pauvre ou du mo-

[1] Nous engageons MM. les instituteurs à recueillir des spécimens des *Plantes médicinales*, et à les montrer à leurs élèves, qui les connaîtront ainsi plus sûrement et plus exactement qu'avec des gravures.

deste cultivateur est assez souvent bien insuffisante pour les acheter au poids de l'or. Il n'est
donc pas sans utilité de rechercher si, parmi les
plantes de nos contrées, il ne s'en trouve pas
un certain nombre qui peuvent rendre la santé
aux malades tout aussi bien et mieux peut-être
que les drogues ruineuses que l'on a l'habitude
de nous vendre. Des médecins consciencieux et
amis des classes laborieuses n'ont pas hésité à se
prononcer pour l'affirmative, et ont fait connaître
le résultat de leurs études. C'est le résumé de
ces recherches et de ces expériences que nous
allons présenter ici en déclinant, bien entendu,
toute compétence personnelle dans des questions
aussi spéciales et aussi délicates. Les habitants
des campagnes, guidés par la tradition, n'ignorent
d'ailleurs pas les vertus de plusieurs de ces
plantes et y ont recours volontiers. Ils trouveront
sans doute ici de quoi raviver leurs petites connaissances médicales en même temps que l'occasion
de les compléter un peu.

Toutefois, hâtons-nous de le dire, nous don-
nons ces indications, non pour engager nos lecteurs à s'administrer des remèdes à tort et à
travers, ce qui pourrait amener de fâcheux accidents, mais afin qu'ils puissent avoir sous la
main et à bon marché les médicaments nécessaires
à la préparation des boissons prescrites par le
médecin. Nous croyons qu'à ce titre, les plantes

appelées médicinales méritent l'hospitalité dans un coin du jardin. Quelques-unes, du reste, appartenant au potager, ou croissant naturellement le long des haies et des chemins, ne réclament aucune place privilégiée. Quant aux autres, il est encore possible de s'entendre avec quelques voisins pour s'en partager la culture sauf à s'en distribuer aussi ensuite les produits.

Voici maintenant les plus principales des plantes médicinales.

ABSINTHE. — Une infusion de cette plante (10 à 30 grammes par litre d'eau) s'emploie avec succès dans les fièvres intermittentes ainsi que pour la destruction des vers intestinaux ; la même boisson, continuée ensuite, empêche la reproduction d'autres vers.

ACACIA. — On recommande une forte infusion des fleurs de cet arbre aux personnes qui ont le ver solitaire. Ce remède n'est pas certain, mais, comme il est inoffensif, on peut toujours l'essayer.

AIL. — Cette plante potagère s'emploie avec succès pour la destruction des vers intestinaux. On peut simplement en frotter les croûtes de son pain ou bien en faire bouillir quelques gousses dans du lait que l'on avale ensuite.

ASPERGE. — L'eau qui a servi à cuire les asperges est considérée comme salutaire dans les rhumes, enflures, etc.

AURONE. — L'aurone, appelée aussi *armoise des jardins* et *ivrogne*, est principalement vermifuge. On en met infuser une forte pincée dans un demi-litre d'eau. Les graines servent aussi au même usage.

AVOINE. — Les grains de cette plante de nos champs servent à faire une tisane adoucissante et légèrement nutritive dont on rend le goût agréable avec du miel ou de la racine de réglisse.

BOURRACHE. — L'infusion de cette plante potagère est adoucissante, facilite l'émission des urines et provoque la sueur.

CAMOMILLE ROMAINE. — L'infusion de cette plante, préparée à raison de 10 grammes par litre d'eau bouillante, convient dans les maux d'estomac, les indigestions, les coliques venteuses, les fièvres muqueuses, putrides, continues ou intermittentes, et les affections vermineuses.

CAROTTE. — La carotte mangée crue agit comme vermifuge. La décoction de cette racine est adoucissante, facilite l'émission des urines, et s'emploie communément aussi dans la jaunisse. La râpure de carotte, appliquée fraîche sur les brûlures, en calme la douleur et empêche la formation des cloches. L'infusion des graines, à raison de 8 à 15 grammes par litre d'eau bouillante, augmente l'appétit et facilite la digestion.

CERISIER. — Les queues de cerises, bouillies à raison de 10 à 15 grammes dans un litre d'eau, facilitent les urines dans les cas d'hydropisie et de gravelle. Si les queues ne sont pas fraîches, comme en hiver, on les fait d'abord ramollir dans l'eau froide ou on les écrase un peu avant de les mettre bouillir.

L'écorce de la racine du cerisier, bouillie à raison de 30 grammes par litre d'eau, fournit une décoction contre la fièvre. Les écorces des racines du pommier, du poirier et du prunier jouissent des mêmes propriétés.

CHICORÉE SAUVAGE. — Les feuilles et les racines de cette plante, prises en infusion ou en décoction, sont considérées comme propres à purifier le sang, à guérir de la fièvre, à purger doucement, à combattre les affections de la peau, notamment les dartres, et à donner de l'appétit.

CHIENDENT. — Cette plante, nuisible aux récoltes, peut néanmoins nous rendre d'utiles services. Elle sert à préparer une tisane adoucissante, rafraîchissante et propre en outre à faciliter les urines. On en fait bouillir 30 grammes dans un litre et demi d'eau jusqu'à réduction d'un litre.

COGNASSIER. — On fabrique, avec le fruit de cet arbre, un sirop astringent utilement employé contre la diarrhée des petits enfants. On prépare ce sirop en râpant quelques coings dont on exprime le jus qu'on fait bouillir après y avoir ajouté 1 kilogramme 900 grammes de sucre par kilogramme de jus; puis, on passe le tout sur une étoffe de laine.

CRESSON DE FONTAINE. — Le cresson de fontaine, mangé en salade ou autrement, est principalement utile contre le scorbut. Il facilite en outre les urines et décharge la poitrine en faisant cracher. Il convient encore dans la débilité de l'estomac, les scrofules, la phthisie, etc.

DOUCE-AMÈRE. — C'est une plante grimpante, aux fleurs violacées et aux baies rouges, dont les longues tiges s'appuient sur les branches des saules qui bordent les ruisseaux et les petites rivières. Elle est stimulante et légèrement narcotique; on l'emploie aussi pour purger doucement et provoquer la sueur. Les tiges récoltées se placent dans un endroit sec au grenier. On les coupe par petits morceaux avant de s'en servir; 15 à 30 grammes suffisent pour une décoction d'un litre. On ajoute du miel à cette boisson, que l'on prend dans les affections dartreuses, galeuses, scrofuleuses, asthmatiques, dans la coqueluche, etc.

ÉPINE BLANCHE. — Les fleurs blanches des haies d'épine, après qu'elles sont desséchées, s'emploient en infusion dans les maux de gorge. La même infusion, prise en gargarisme, est également d'un grand secours contre les inflammations des glandes salivaires.

FRAISIER. — La décoction préparée avec les

racines du fraisier est astringente et facilite en
outre les urines. On peut encore l'employer en
lavement dans les diarrhées. Les fruits du fraisier
et ceux du groseillier sont recommandés aux tem-
péraments bilieux et sanguins et aux personnes
qui ont la goutte.

FUSAIN. — On calme les battements de cœur
avec l'infusion des feuilles de cet arbrisseau nommé
vulgairement *bonnet de prêtre.*

GUIMAUVE. — C'est la plus adoucissante de nos
plantes. L'infusion préparée avec la fleur est
excellente pour la poitrine. Les feuilles et surtout
les racines s'emploient journellement en infusions,
cataplasmes, lavements, lotions et injections. La
tisane, pour produire son effet, doit être bue
chaude.

Pour aider à la dentition des enfants, il est
bon de leur faire mâchonner de la racine de guimauve.

HOUBLON. — L'infusion préparée avec des cônes
de houblon desséchés au four donne de l'appétit
et favorise la digestion. Il suffit de 10 à 15
grammes par litre d'eau. Les feuilles et les cônes
de houblon placés dans les oreillers provoquent
au sommeil les personnes frappées d'insomnie.
Les racines passent pour combattre les dartres,
les gales opiniâtres et autres maladies de la
peau.

HYSOPE. — Le potager contient presque toujours cette plante aromatique dont l'infusion, à raison de 10 à 15 grammes par litre d'eau, décharge la poitrine en faisant cracher. L'hysope, pilée et bouillie dans l'eau, puis appliquée dans un sachet sur une contusion, en hâte beaucoup la guérison. On entretient la chaleur du sachet en passant dessus un peu d'eau chaude.

LAITUE. — Ce légume est calmant, adoucissant et facilite les urines. L'eau qui a servi à le cuire s'administre en lavements pour faire cesser les coliques. Les cataplasmes de laitue cuite sont employés dans les maux d'yeux, les érysipèles et autres inflammations.

LIERRE GRIMPANT. — On se sert des feuilles de cette plante grimpante pour panser les cautères. Les mêmes feuilles, macérées dans du vinaigre pendant plusieurs jours, s'emploient ensuite avec succès contre les cors aux pieds. A cet effet, on prend quelques bains de pieds afin de ramollir les cors que l'on coupe ensuite; il n'y a plus alors qu'à appliquer sur la plaie une des feuilles macérées pour empêcher les cors de repousser; mais il faut changer la feuille chaque jour pendant environ six semaines.

Les baies de lierre peuvent servir à se purger; il suffit pour cela d'en avaler 8 ou 10.

LIERRE TERRESTRE. — Le lierre terrestre, appelé *tourtelet* dans le Cambrésis, a toute la confiance des campagnards. Les infusions de cette plante, avec addition de miel, s'emploient contre la toux, l'asthme et le catarrhe pulmonaire. Il faut se servir des feuilles encore vertes, car lorsqu'elles sont fanées, elles n'ont plus grande vertu.

LIS BLANC. — Les bulbes ou oignons de cette fleur sont adoucissants et s'emploient en outre à faire mûrir les clous, les abcès et les panaris. Pour cela, on enveloppe l'oignon dans du papier mouillé, on le fait cuire sous la cendre et on l'applique sur le mal.

MAUVE. — La plante entière, employée en décoction, est adoucissante et sert à préparer des cataplasmes, des bains, des lotions, des lavements, des injections. La fleur de mauve, prise en infusion, est bonne pour la poitrine.

MENTHE POIVRÉE. — On vante beaucoup l'infusion de cette plante pour combattre le choléra. Cette infusion, préparée à raison de 10 grammes de feuilles sèches par litre d'eau bouillante, favorise la digestion, fortifie les organes affaiblis, les stimule, fait transpirer et cracher. Les feuilles servent encore à frotter les parties piquées par les abeilles.

MERCURIALE ANNUELLE. — Cette plante, appelée aussi *foireuse*, est purgative. On en emploie la décoction en lavements. Pour deux lavements, on fait bouillir une poignée de mercuriale fraîche dans un litre et demi d'eau jusqu'à réduction d'un litre, et on ajoute au liquide 125 grammes de miel.

NAVET. — Ce légume sert à composer un remède, appelé *sirop de navet*, que l'on emploie dans les maladies de poitrine. Voici la manière de préparer ce sirop : on creuse un navet dans lequel on met du sucre en poudre ; le sucre attire le jus, ce qui compose le sirop en question. On en prend six à huit cuillerées à soupe par jour.

On peut également et plus simplement faire cuire des navets dans l'eau et sucrer la décoction.

NOYER. — L'infusion des feuilles de cet arbre, à raison de 15 à 20 grammes par litre, stimule les organes, purifie le sang et s'emploie pour combattre les humeurs froides. Dans ce dernier cas, on applique aussi des feuilles bouillies sur la plaie en suppuration.

La décoction des mêmes feuilles est un préservatif certain contre les mouches qui, en été, tourmentent les chevaux. Pour éloigner ces insectes, il suffit de laver les chevaux avec cette décoction ; c'est un moyen employé avec succès dans les haras d'Angleterre.

ORGE. — Les grains d'orge servent à faire une tisane rafraîchissante que l'on prépare comme celle d'avoine.

ORTIE BLANCHE. — Les fleurs de cette plante, prises en infusion, sont astringentes ; on les emploie à raison de 10 grammes par litre d'eau bouillante.

ORTIE BRULANTE. — Le jus de cette plante passe pour arrêter les saignements de nez. On l'introduit dans les narines avec un peu de coton qui en est imbibé.

PAVOT SOMNIFÈRE. — La graine de ce pavot à fleurs blanches doit être récoltée un peu avant sa maturité. On l'emploie en décoction pour tisane, lavement, etc. Les feuilles, fraîches ou sèches, sont calmantes et s'appliquent en cataplasmes.

PÊCHER. — L'infusion des feuilles de cet arbre est une purge très-douce à l'usage des petits enfants.

PERSIL. — On compose avec les racines blanches de cette plante potagère une tisane qui facilite les urines et sert à combattre les fièvres intermittentes. Il faut de 20 à 30 grammes de racines par litre d'eau, et on ajoute du miel à la décoction.

PERVENCHE. — Avec 15 grammes de feuilles sèches ou 30 grammes de feuilles vertes de la petite ou de la grande pervenche, on compose un litre d'une infusion qui sert à combattre les crachements de sang, les diarrhées, etc.

PISSENLIT. — Cette plante stimule les organes, facilite les urines, purifie le sang et sert à combattre le scorbut. On peut la manger en salade ou en exprimer le jus, que l'on boit.

POMME DE TERRE. — La râpure fraîche de ce légume, appliquée sur les brûlures, en calme la douleur et empêche la formation des cloches. Les feuilles fraîches servent à préparer des cataplasmes. La pomme de terre cuite avec des mauves fournit également un excellent cataplasme.

PRUNELLIER. — Le prunellier ou épine noire, qui se rencontre dans les haies, produit des fleurs blanches qui sont un léger purgatif pour les enfants. On les emploie en infusion à raison d'une petite poignée par litre lorsqu'elles sont fraîches, et d'une moindre quantité quand elles sont sèches.

RENOUÉE DES OISEAUX. — On donne aussi à cette plante les noms de *traînasse*, d'*herbe à cent nœuds*, et on en recommande la décoction dans les diarrhées et les dyssenteries, à la dose de 20 à 30 grammes de la plante entière par litre d'eau.

RHUBARBE. — Les feuilles et les racines de cette plante potagère possèdent des propriétés purgatives.

ROMARIN. — L'infusion légère de cette plante aromatique stimule les organes, réchauffe et aide à la digestion.

RONCE. — La décoction de cette plante est un excellent gargarisme contre les maux de gorge, à la dose de 15 grammes de feuilles et 125 grammes de miel pour un bon litre d'eau.

SAULE. — L'écorce du saule, employée en décoction, à raison de 30 à 60 grammes par litre d'eau, sert à combattre les fièvres intermittentes. La même décoction à usage de bain est recommandée aussi aux enfants scrofuleux et à ceux dont les jambes sont débiles.

SERPOLET. — L'infusion de cette plante passe pour dissiper l'ivresse. Espérons que nos lecteurs, même dans un âge plus avancé, n'auront jamais à en faire l'essai.

SOUCI. — On prétend que cette fleur, macérée dans du vinaigre et appliquée sur les verrues, les fait disparaître. C'est une assertion facile à vérifier.

SUREAU NOIR. — La fleur du sureau noir, prise en infusion, à raison de 2 à 10 grammes par litre d'eau bouillante, est excitante et provoque la sueur. On l'emploie aussi en bains, à la dose de 15 à 30 grammes par litre.

La décoction préparée avec la seconde écorce du sureau est un puissant purgatif auquel on ne doit recourir qu'avec précaution. Elle est également utilisée contre l'enflure.

TILLEUL. — La tisane préparée avec les fleurs de cet arbre est très-calmante et provoque la transpiration. On la recommande dans les affections nerveuses, les vomissements, la toux et la migraine.

VIOLETTE. — Cette humble fleur de nos jardins a aussi son mérite. On en compose une tisane adoucissante et très-agréable; 8 grammes suffisent par litre d'eau bouillante. Les feuilles servent à préparer des cataplasmes.

CALENDRIER HORTICOLE

Janvier.

Labour à la bêche et fumure des terrains qui doivent être ensemencés au printemps. — Confection des couches. — Semis sur couche des laitues et carottes hâtives. — Repiquage sous cloches des laitues et romaines. — Plantation d'arbres fruitiers dans les sols secs, pourvu qu'il ne gèle pas. — Taillé des poiriers et pommiers. — Lavage au lait de chaux des arbres fruitiers couverts de mousse. — Dans les jours de mauvais temps, fabrication des paillassons pour abriter contre le froid les plantes délicates.

Février.

Continuation des labours et fumures. — Semis des pois nains, du persil, du cerfeuil, du cresson et de la fève. — Repiquage sur couche des laitues et romaines. — Demi-fumure en couverture aux asperges. — A la fin du mois, premier semis en pépinière des choufleurs demi-durs et des endives. — Continuation de la taille des poiriers et des pommiers. — Plantation et taille de la vigne. — Commencement de la taille des arbres à noyaux. — Echenillage des arbres et des haies.

Mars.

Continuation de la préparation des carrés. — Semis en pépinière des choux, poireaux et endives. — Semis des radis, carottes, navets, panais, oignons et pois à rames. — Plantation des pommes de terre hâtives, des griffes d'asperges, des bulbes d'ail et des échalottes. — Semis de la tomate en pépinière sur couche tiède. — Mise en place des jeunes pieds d'artichauts. — Aérage des plantes sous châssis. — Fin de la taille des arbres fruitiers. — Multiplication des groseilliers par boutures.

Avril.

Semis sur couche du céleri, et, à l'air libre, de l'oseille et de l'épinard. — Nouveaux semis en pépinière des choux, poireaux et endives. — Dans les derniers jours du mois, repiquage des choufleurs demi-durs, semés en février. — Plantation des fraisiers et des pommes de terre non hâtives. — Récolte des asperges. — Greffe des arbres.

Mai.

Continuation des semis des mois de mars et

d'avril. — Semis des choufleurs durs, du cornichon, de la citrouille et des haricots. — Repiquage du poireau, de la laitue, de la romaine, de l'endive, du céleri et de la tomate. — Sarclage et buttage des pommes de terre hâtives. — Pinçage des fèves. — Plantation des rames aux pois. — Arrosages copieux et fréquents. — Ebourgeonnement des arbres fruitiers. — Palissage de la vigne.

Juin.

Nouveaux semis de haricots. — Liens autour des romaines et des endives. — Sarclage et buttage des pommes de terre non hâtives. — Repiquage des choux, choufleurs et poireaux. — Plantation des rames aux pois et haricots. — Retranchement des coulants aux fraisiers. — Pinçage des tomates. — Récolte des fraises, et, à la fin du mois, des cerises. — Continuation des arrosages. — Binages et sarclages.

Juillet.

Semis de pois tardifs. — Nouveaux semis d'oignons et de carottes. — Liens aux endives. — Récolte des pommes de terre hâtives, de l'échalotte et de l'ail. — Commencement de la récolte des cornichons. — Arrosage et buttage du céleri. — Sarclages et binages. — Retranchement des coulants aux fraisiers, et des feuilles qui recouvrent complétement les pêches et les abricots. — Ebourgeonnement et palissage des pêchers, vignes, etc.

Août.

Semis d'endives, navets, épinards, salade de blé et choux. — Mise en pépinière des plants de fraisiers; arrosages copieux. — Semis d'oignons blancs hâtifs. — Binages et sarclages. — Buttage du céleri. — Récolte des oignons et artichauts. — Commencement de l'épamprement des vignes. — Destruction des animaux et insectes qui attaquent les fruits mûrs.

Septembre.

Semis de la laitue d'hiver, de la salade de blé, du panais et des épinards pour mars et avril. — Préparation des silos et magasins destinés aux racines. — Récolte des pommes de terre et des carottes non hâtives. — Labour et fumure des carrés non occupés. — Continuation de l'épamprement des vignes. — Repiquage définitif des plants de fraisiers mis en pépinière dans le courant d'août. — Récolte des poires et, dans les derniers jours, du raisin.

Octobre.

Récolte des navets et des derniers artichauts. — Suppression des vieux pieds d'artichauts. —

Repiquage de la laitue d'hiver. — Semis de la salade de blé. — Destruction des vieilles couches. — Continuation de la récolte des fruits à pépins. — Commencement de la plantation des arbres fruitiers qui se dépouillent de leurs feuilles.

Novembre.

Rentrée dans les caves des endives, céleris et choufleurs durs. — Labours et fumure des carrés libres. — Continuation de la plantation des arbres fruitiers. — Ouverture des trous pour les plantations du printemps. — Amas des feuilles tombées et confection des composts.

Décembre.

Visite aux légumes conservés dans les silos ou les caves; aérage pendant le jour de ces produits alimentaires. — Labours d'hiver. — Continuation de la plantation des arbres fruitiers et commencement de la taille des arbres à pépins.

TROISIÈME PARTIE

—

TENUE INTÉRIEURE
DE LA FERME

TROISIÈME PARTIE

TENUE INTÉRIEURE DE LA FERME

CHAPITRE PREMIER

Maison d'habitation. — Vêtements. — Nourriture. — Précautions hygiéniques.

On construit généralement peu de fermes nouvelles, mais on a parfois à restaurer ou à agrandir d'anciens bâtiments. Il n'est donc pas inutile d'entrer ici à ce sujet dans quelques courtes considérations.

Trop souvent malheureusement, les maisons d'habitation à la campagne laissent beaucoup à désirer sous le rapport de l'hygiène. Elles sont trop basses et creusées dans le sol, tandis qu'elles

devraient être élevées de quelques marches au-
dessus. Les fenêtres, rares et petites, ne sont
presque jamais ouvertes; quelques-unes même
sont clouées à leurs châssis. Et, que dire de la
malpropreté qui règne si ordinairement à l'intérieur? Que de fois on pourrait voir des éplu-
chures, des écailles d'œufs, des débris de toutes
sortes joncher le sol de la cuisine et y pourrir?
des baquets pleins d'eau puante placés dans tous
les coins où ils séjournent quelquefois longtemps?
la vaisselle éparse de tous côtés à la libre disposition des chats et des chiens, qui s'y dispu-
tent les restes du repas et y opèrent un premier
nettoyage? Qui ne sait aussi que les chambres
à coucher sont presque toujours des pièces
étroites, aux murs humides, à peine éclairées,
rarement aérées, et meublées de deux ou trois
lits où s'entassent souvent un grand nombre de
personnes?... Il résulte de tout cela un logement malsain où se concentrent des exhalaisons
fétides, véritable poison que respirent à pleins
poumons les membres de la famille pendant leur
sommeil. Si l'air pur des champs ne venait, pendant les longues heures de travail, détruire au
moins en partie les effets désastreux d'un semblable état de choses, il est certain que la santé
la plus robuste n'y pourrait résister. Et pourtant, il en coûterait si peu pour prendre des habitudes toutes contraires, pour aérer, laver, balayer,

faire régner partout la propreté ! Certes, si c'était
là une règle de chaque jour, le premier travail
du matin, la fermière n'aurait à consacrer que
bien peu de temps à une occupation qui assu-
rerait le bien-être de tous les siens. C'est presque
toujours pour avoir négligé ces soins si simples,
si faciles, mais si indispensables, que les maladies entrent dans la maison et y occasionnent des
dépenses cent fois plus considérables que n'en
eût nécessité la sage observation des lois de
l'hygiène.

Les vêtements et le linge influent aussi sur la
santé plus qu'on ne paraît le croire dans les
campagnes. Les étoffes de laine, d'un tissu serré
en hiver et plus clair en été, sont celles qui
conviennent le mieux au cultivateur. Pendant les
fortes chaleurs, il est sujet à transpirer beaucoup ; c'est pourquoi il lui faut changer de linge
au moins deux fois par semaine. Celui qu'il
quitte, au lieu d'être entassé dans un coin où
il s'échauffe et sent mauvais, doit être étendu
sur des cordes au grenier en attendant la lessive.

A cause de ses rudes occupations, le fermier
a besoin d'une nourriture substantielle. La viande
est l'aliment qui réparera le mieux ses forces.
A la campagne, on fait grande consommation de
lard ; il n'y aurait rien à redire à cela si l'on
prenait toutes les précautions nécessaires pour

assurer la bonne conservation du porc salé, tandis qu'on le mange souvent rance et gâté, ce qui expose à des accidents quelquefois mortels. On a aussi l'habitude de cuire du pain pour plusieurs semaines afin de gagner du temps. C'est un mauvais calcul, car ce pain ne tarde pas à durcir et même à moisir pour peu qu'il soit placé à l'humidité, et la moisissure est nuisible à la santé. On ne peut trop recommander, du reste, les soins de propreté dans la préparation de cet aliment de tous les jours, et dans l'emploi du linge qui tapisse les corbeilles où l'on fait lever la pâte. Que de fois ce linge n'est qu'un amas de chiffons qui ont traîné partout ! Il est à désirer que la ménagère puisse disposer d'une pièce spéciale, appelée fournil, pour la fabrication du pain ; il lui sera ainsi plus facile de se livrer à cette opération avec toutes les précautions qu'exige la plus minutieuse propreté.

Quant à la boisson du cultivateur, c'est naturellement la bière, qui est saine et rafraîchissante lorsqu'elle est faite dans de bonnes conditions. Pour boire dans les champs pendant de longs travaux et en temps de grande chaleur, le sirop de Calabre, inventé et fabriqué par M. Obez, de Douai, peut rendre d'utiles services. Beaucoup de fermiers n'ont qu'à se louer de l'usage de cette boisson à la fois agréable et économique, et que bon nombre de travailleurs préfèrent à la bière. Un litre de ce sirop, dont le prix en gros est de 4 francs, suffit pour composer, par son mélange avec de l'eau, 200 litres d'un liquide qui rafraîchit instantanément le palais et fait sentir de suite son action réconfortante sur la poitrine.

Puisqu'il est ici question de boisson, il n'est pas inutile d'avertir qu'il est dangereux de boire de l'eau froide quand on est en sueur ; cette imprudence a déjà occasionné la mort de bien des personnes. L'emploi du sirop de Calabre prévient parfaitement le danger que nous signalons, et contre lequel les ouvriers des champs ont souvent le tort de ne pas assez se prémunir.

CHAPITRE DEUXIÈME

Animaux domestiques.

Les animaux domestiques de la ferme peuvent se partager en deux grandes divisions : les *animaux de travail* et les *animaux de rente*. Les premiers sont ceux que le cultivateur emploie à ses travaux de culture : ce sont les chevaux, les bœufs, les vaches, les mulets et les ânes. Les seconds sont ceux qu'on engraisse pour la boucherie ou la table, ou qu'on entretient pour le fumier qu'ils produisent : tels sont les bœufs, les vaches, les moutons, les porcs, les poules, les canards, etc.

I. Animaux de travail.

Parmi les animaux de travail, c'est le cheval qui, dans le Nord, est employé presque exclusivement aux travaux de la grande et de la moyenne culture. Les attelages de bœufs sont très-rares dans ce département, contrairement à ce qui se pratique dans beaucoup d'autres parties de la France. La vache est aussi employée, mais tout à fait à titre d'exception, dans quelques localités où la propriété est très-divisée; encore faut-il pour cela que le sol soit facile à travailler. Dès qu'elle est mise à la charrue, son rendement en lait diminue en quantité et en qualité.

Dans les petites exploitations, on se sert quelquefois du mulet et de l'âne, qui se recommandent l'un et l'autre par leur sobriété et leur rusticité; ils rendent de véritables services dans la culture maraîchère.

Le département du Nord ne possède pas de race chevaline et ne se livre guère à l'élevage du cheval, impossible partout où il y a absence de prairies naturelles. La race à recommander aux cultivateurs qui veulent élever à l'écurie est la race *boulonnaise*, remarquable par sa taille, par l'harmonie qui règne dans toutes ses parties, ainsi que par la bonté de son tempérament; il faut se

garder de la compromettre par des croisements
avec la race anglaise.

La race *ardennaise* est très-appréciée aussi
dans les arrondissements de Cambrai, Valenciennes
et Avesnes, mais les chevaux de cette race y
arrivent le plus souvent du pays originaire à l'âge
où ils peuvent commencer à travailler.

II. Animaux de rente.

ESPÈCE BOVINE. — Parmi les animaux de rente,
c'est l'espèce *bovine* qui tient sans contredit le
premier rang dans le Nord. Le choix de la race
dépend du but que se propose le cultivateur. Certaines races bovines se distinguent par leur aptitude au travail ; d'autres, comme la race hollandaise, produisent du lait en grande quantité ;
d'autres enfin, comme les races anglaises perfectionnées, et surtout celle de Durham, montrent
une grande propension à l'engraissement et peuvent être livrées très-jeunes à la boucherie. Suivant donc que le cultivateur aura en vue de faire
travailler ses bestiaux, ou de produire beaucoup
de lait ou beaucoup de viande, il devra choisir ses
vaches dans les races offrant, au plus haut degré,
l'aptitude qu'il recherche, ou les croiser avec un
taureau appartenant à ces races. Dans tous les cas,
il ne devra pas perdre de vue que la boucherie
est le but final de tout élevage de bestiaux, et il
n'hésitera pas à rejeter toute race que sa con-

formation éloignerait trop de cette destination.

Le département du Nord possède une race précieuse, la vache *flamande*, qui est très-bonne laitière et présente en même temps une grande aptitude à l'engraissement; c'est dans cette race que nos cultivateurs doivent choisir leurs taureaux.

Selon l'opinion assez accréditée maintenant d'un agriculteur distingué, M. Guénon, une bonne vache laitière se reconnaît à une sorte de dessin tracé sur le pis même et sur la peau du périnée. Ce dessin, en forme d'écusson circonscrit par des lignes de direction et d'étendue variables, est composé d'un poil plus fin que celui du corps, et qui remonte au lieu de descendre comme ce dernier. Il paraît certain que l'organe laitier est recouvert de cette enveloppe particulière; par conséquent, plus celle-ci a d'étendue, plus les qualités laitières de l'animal sont considérables.

Il existe du reste encore d'autres signes de l'aptitude laitière dont voici les principaux : un pis bien développé sans être charnu ; une peau fine ; un poil fin et soyeux ; les veines du pis très-développées, visibles entre la queue et le pis (au périnée), largeur des ouvertures rondes qui donnent passage aux veines de la mamelle, sous le ventre; une échine présentant, sur le dos, un changement subit de niveau; enfin, quand la peau qui s'étend derrière le pis en remontant jusqu'à la base de la queue est jaunâtre et couverte de pellicules ressemblant à du son, cela indique que le lait est riche en beurre.

ESPÈCE OVINE. — L'élève des moutons se pratique sur une très-petite échelle partout où il y a peu de pâturages; le plus souvent, on les achète tout venus, on les tient un an et on les engraisse pour la boucherie. Dans ce cas, les meilleures races sont celles qui se montrent les plus aptes à un engraissement rapide : de ce nombre est la *race flamande*, qui occupe un des premiers rangs et qu'on peut croiser avec avantage avec les races anglaises.

ESPÈCE PORCINE. — On élève peu de porcs dans le Nord et seulement dans les grandes fermes; ce sont des marchands ambulants qui fournissent ceux qu'on engraisse. Les races perfectionnées se distinguent par des os peu volumineux, une poitrine profonde et large, des côtes très-arquées, un cou court, une tête et des membres petits, des soies douces, et enfin une peau élastique.

VOLAILLES. — Au premier rang des volailles, il convient de placer la poule qui, par sa grande fécondité, est une source presque intarissable de revenus et de bien-être dans la ferme. Viennent ensuite le canard, le dindon, l'oie, le pigeon, et quelques autres volatiles moins répandus. Tous sont très-utiles pour tirer parti des résidus du ménage, qui seraient perdus sans eux, et pour recueillir les grains qui restent dans les fumiers.

Les produits de la basse-cour ne sont d'ailleurs
pas à dédaigner et méritent toute la sollicitude
de la fermière.   •

CHAPITRE TROISIÈME

Nourriture des animaux; soins qu'ils réclament.

CHEVAUX. — La nourriture des chevaux se
compose de fourrage sec, tel que le trèfle, le
sainfoin et la paille ; de fourrage vert, tel que le
trèfle anglais ; de diverses substances farineuses,
telles que l'avoine, l'orge et les fèves, et enfin
quelquefois, des racines succulentes de certaines
plantes, telles que la betterave, la carotte, le
navet et les pommes de terre.

Parmi les grains que l'on donne au cheval, c'est
l'avoine qui est généralement préférée, mais l'orge
est plus nourrissante et forme un très-bon aliment, lorsqu'elle est broyée et mêlée avec du foin
ou de la paille hachée. Bouillie dans l'eau et
consommée en forme de breuvage par les bêtes
malades, elle les restaure sans les échauffer.
L'emploi des racines est avantageux en ce qu'il
permet de varier un peu pendant l'hiver la nourriture sèche des animaux. Pour la même raison,
les fourrages verts ne sont pas moins utiles au

printemps ; seulement, il faut se garder de les donner seuls, car les chevaux ne tarderaient pas à en être incommodés. Le mieux est de mélanger le fourrage vert avec une plus petite quantité de trèfle sec ou de paille.

Le cheval bien traité et bien nourri, souvent étrillé et bouchonné, est rarement malade, mais, quand il le devient un peu sérieusement, le cultivateur, au lieu de placer sa confiance dans ses seules lumières ou dans les remèdes des empiriques de village, ne doit pas hésiter à recourir au médecin-vétérinaire. Négliger ce devoir serait d'abord ne se soucier guère de sa fortune, et ensuite, assumer souvent une grave responsabilité, surtout, s'il s'agissait d'une maladie contagieuse, comme la morve, qui exige l'abattage immédiat de l'animal atteint. D'ailleurs, bien des maladies peuvent être prévenues par la propreté des écuries, le bon choix des aliments et par des soins intelligents. Ainsi, si on n'y prête attention, un foin chargé de poussière rend les chevaux poussifs ; des harnais trop étroits ou trop lourds les gênent et les blessent ; des fers maladroitement cloués les font boîter ; en un mot, il suffit, pour voir dépérir un attelage, de négliger quelques-unes de ces précautions dont tout fermier soucieux de ses intérêts ne devrait jamais se départir à l'égard de ses plus utiles auxiliaires.

VACHES LAITIÈRES. — La nourriture influe beaucoup sur la quantité comme sur la valeur du produit des vaches. En hiver, le meilleur lait est fourni par les trèfles secs, le regain, les choux et surtout par les carottes et les betteraves cuites et données en breuvages où le sel ne doit pas être ménagé. En été, le fourrage vert et les herbages consommés sur place font obtenir un lait encore supérieur et plus abondant. C'est le moment où les vaches vivent presque constamment dans les champs, où elles se maintiennent mieux en santé qu'à l'étable. Seulement, en mangeant un fourrage vert et souvent humide, elles sont très-sujettes à la météorisation ou enflure, gonflement énorme du ventre qui met le fermier en grand danger de perdre celles qui en sont atteintes. On ne peut donc exercer une surveillance trop attentive sur les bêtes qui sont au pâturage. Quand on remarque que l'une d'elles enfle, on lui introduit immédiatement dans la gorge la *sonde œsophagienne*, qui devrait se trouver dans tous les villages ; si, malheureusement, on ne l'a pas, on jette dans la bouche de la vache météorisée une poignée de très-gros sel, puis, on y verse aussitôt après un grand pot d'eau qui entraîne le sel sans le dissoudre complétement. Les cristaux s'arrêtent dans l'œsophage et y provoquent une irritation qui amène des efforts de vomissement et des renvois de gaz, et par suite, le dégagement de la panse. Ces moyens, préconisés par M. Delplanque, médecin-vétérinaire à Douai, ont, sur l'emploi de l'ammoniaque, recommandé par beaucoup de personnes, l'avantage de ne pas donner mauvais goût à la viande dans le cas où l'abattage deviendrait nécessaire. S'ils restent sans effet, on a alors recours à la *ponction* de la panse, opération qui consiste à enfoncer dans le creux situé près de la hanche gauche de l'animal, un instrument à lame triangulaire, nommé *trocart*. Cet instrument, indispensable à tout fermier, est entouré d'une gaîne par où s'échappent les gaz qui gonflent l'estomac.

Avant de pratiquer soi-même la ponction, la prudence veut qu'on ait été témoin attentif d'une ou plusieurs opérations de ce genre ; mais c'est un savoir qu'un cultivateur ne doit pas négliger d'acquérir, car les hommes de l'art arrivent rarement à temps pour sauver la bête malade.

BŒUFS ET VACHES A L'ENGRAIS. — L'engraissement des animaux de boucherie est souvent une source de profits pour le fermier qui s'y livre avec intelligence. Dans les nombreuses sucreries et raffineries du Nord, et partout où les pâturages sont très-rares, les bœufs et les vaches à engraisser vivent constamment à l'étable et s'y engraissent d'ailleurs plus promptement que dans les champs. On les y nourrit avec abondance de pulpe, de betteraves et de pommes de terre cuites, de drèche et de tourteaux. La variété des aliments et leur assaisonnement au sel semblent avoir un

très-bon effet pour favoriser et hâter l'engraissement en excitant l'appétit des animaux. On ne
peut apporter trop de régularité dans les heures
des repas ; les bestiaux qui attendent leur nourriture s'inquiètent et se tourmentent, et cela nuit
à leur embonpoint.

Le logement n'est pas moins important. Il faut
que les étables jouissent constamment d'une température douce, qu'elles soient à l'écart, privées
de tout bruit et de toute agitation, et à peine
éclairées, afin que les bêtes y vivent dans un
calme et une quiétude que rien ne trouble. Enfin,
la propreté contribue aussi au rapide et sain engraissement. Les étables doivent être fréquemment
nettoyées, et les bœufs, étrillés et bouchonnés
tous les jours.

L'âge moyen des animaux mis à l'engrais est
de quatre ans. S'ils étaient trop jeunes, la nourriture ne servirait qu'à leur croissance ; s'ils étaient
trop vieux, elle n'aurait d'autre effet que de ré-
parer leurs forces épuisées.

VEAUX. — Aussitôt après la naissance du veau,
on l'emporte et on le met sans l'attacher dans un
parc garni de litière sèche et propre. Il ne faut
pas que la vache touche ou puisse reconnaître
son petit, sans quoi elle deviendrait inquiète et
malheureuse lorsqu'on les séparerait ensuite.

La manière d'élever les veaux influe beaucoup
sur la constitution de ces animaux devenus adultes.

On doit leur prodiguer les soins les plus assidus si l'on veut obtenir plus tard de bonnes vaches laitières ou des bœufs robustes. C'est d'abord avec le lait de la mère qu'on les nourrit, puis, au bout d'une quinzaine de jours, on écrème préalablement ce lait et on l'étend d'eau blanchie à la farine. Si les veaux paraissent bien constitués et que le fermier se décide à les nourrir jusqu'à l'âge adulte, il commence alors à leur donner chaque jour un léger breuvage et un peu de foin, ce qui les habitue insensiblement à se passer de lait. Dans le cas contraire, il les prépare pour la boucherie, en leur continuant le régime du laitage.

MOUTONS. — La rareté des pâturages dans le Nord fait que les moutons y sont peu nombreux. Cependant les prairies artificielles et les éteules remplies d'herbes peuvent quelquefois permettre au cultivateur d'avoir un petit troupeau. Quand il n'y a rien à manger dans les champs, on le nourrit à l'étable avec de la pulpe de betterave, de la drèche, des tourteaux, du foin, etc. C'est vers l'âge de 15 ou 18 mois que le mouton est propre à être engraissé, et au bout de deux mois, il est bon pour la boucherie s'il a été bien traité.

La tonte des brebis a lieu dans les derniers jours de juin, après que les toisons ont été soigneusement lavées.

porcs. — Les porcs sont facilement et promptement engraissés dans la ferme avec les produits inférieurs de la laiterie, les restes des repas, du son et des pommes de terre de moindre qualité cuites à l'eau.

Une grande propreté dans les étables à porcs est de rigueur si l'on veut avoir un lard de bonne qualité. La saison froide, c'est-à-dire depuis le milieu de septembre jusqu'au milieu d'avril, est la meilleure pour la salaison de cette viande.

volailles. — Les volailles vivent en liberté dans la basse-cour où elles sont nourries avec du grain inférieur et des substances farineuses qui les engraissent rapidement. Il doit toujours y avoir de l'eau à leur portée; les canards ont d'ailleurs besoin d'une mare pour y barboter à l'aise.

Les poulaillers, pigeonniers et autres lieux de refuge à l'usage des volailles ne peuvent jamais être trop propres ni trop bien aérés, car la plupart des maladies qui frappent ces oiseaux proviennent d'un logement malsain. Il faut aussi avoir soin d'y établir les perchoirs de telle sorte que la fiente tombe à terre sans atteindre aucun volatile.

CHAPITRE QUATRIÈME

Ecuries et étables.

Les écuries et les étables doivent être assez grandes pour le nombre d'animaux qu'exige l'exploitation ; la longueur en est calculée à raison de 1 mètre 75 par animal sur une largeur de 4 mètres et une hauteur aussi de 4 mètres, ce qui donne pour chaque bête un volume de 28 mètres cubes d'air nécessaire pour vivre dans de bonnes conditions. On établit quelquefois pour le logement des animaux des compartiments séparés par des cloisons ; c'est une excellente précaution qui empêche les chevaux ou les vaches de se ruer et de se blesser réciproquement, comme il arrive assez souvent.

On pose tout le long de l'écurie un râtelier pour contenir le foin, et une mangeoire en bois ou mieux en pierre pour y mettre l'avoine et les aliments cuits. Le râtelier est inutile dans les étables. En quelques endroits, un passage étroit est ménagé entre le mur et la mangeoire afin de pouvoir placer plus facilement la nourriture devant les animaux ; cet arrangement est très-bon, et n'augmente que de bien peu les dépenses de construction. Le sol des écuries et des étables doit être de quelques décimètres plus élevé que le sol extérieur afin de prévenir l'humidité. Il faut aussi qu'il soit pavé et légèrement en pente pour favoriser l'écoulement des urines dans les rigoles creusées à cet effet, et de là dans la fosse à purin. La meilleure exposition pour le logement du bétail est celle de l'est ou du sud-est.

Les animaux, pour vivre en bonne santé, ont besoin de respirer un air pur et abondant. Il importe donc que les écuries et les étables soient pourvues de vasistas garnis de volets et opposés les uns aux autres pour rendre possible une bonne ventilation. C'est pourtant ce qui n'existe pas dans la plupart des fermes où, presque toujours, les bâtiments affectés aux animaux n'ont d'autres ouvertures que les portes. On ne peut trop s'élever contre un usage aussi absurde qui, en faisant respirer au bétail un air chargé de miasmes, le prédispose par là à contracter de sérieuses maladies. L'intérêt seul du cultivateur, qui s'expose ainsi à être frappé dans sa fortune, devrait lui suffire pour le décider à se conformer sans hésitation aux prescriptions de l'hygiène.

La chose la plus nécessaire après la ventilation est la propreté. Les écuries et les étables ont besoin d'être nettoyées tous les jours, et il n'est pas moins utile d'en blanchir les murs à la chaux une ou deux fois chaque année. Ce soin, que réclament à la fois la propreté et la santé des animaux, n'est guère observé non plus par les fermiers, et il est à désirer qu'ils modifient leurs habitudes sur ce point comme sur bien d'autres.

CHAPITRE CINQUIÈME

Douceur envers les animaux.

Ce n'est pas en brutalisant et en frappant les animaux domestiques qu'on en obtient les meilleurs services. Les coups ne servent au contraire qu'à les irriter et à causer souvent des accidents regrettables, tandis que la douceur et les caresses triomphent presque toujours de l'indocilité de la bête. Un cheval que l'on flatte de la main, ou qui entend la voix encourageante de son maître, vaincra mieux l'obstacle qui l'arrête que si on lui inflige de mauvais traitements qui l'exaspèrent. D'ailleurs, l'intérêt du cultivateur est directement engagé à ce que les animaux soient bien gouvernés, car s'ils dépérissent, c'est sa bourse qui en souffre. Il est vraiment honteux que cette considération, jointe aux sentiments de dignité que tout homme doit avoir, ne suffise pas pour protéger des êtres qui nous rendent tant et de si précieux services. Une loi sage a dû intervenir, en effet, et frappe d'amende et même de prison ceux qui sont pris en flagrant délit de mauvais traitements envers les animaux. Un fermier soucieux de son honneur ne s'exposera jamais à une pareille honte et gouvernera son bétail avec toute la bienveillance que réclament à la fois l'humanité et le propre soin de sa fortune.

CHAPITRE SIXIÈME

Laiterie. — Fabrication du beurre et des fromages.

Il est très-important que la fermière puisse disposer d'une pièce particulière, à l'exposition du nord-ouest, pour y mettre le lait et y fabriquer le beurre et le fromage. Cette pièce, appelée laiterie, est construite autant que possible un peu à l'écart, afin que les commotions produites par le passage des voitures sur le pavé ne s'y fassent pas ressentir. On y maintient une température régulière de 12 à 15 degrés, moyennant laquelle la crème monte à la surface du lait en moins de 48 heures. La plus grande propreté doit régner tant dans la salle même que dans les vases qui servent à contenir le lait et la crème. Il faut de plus avoir soin d'éloigner de la laiterie les fruits, le vinaigre, les fromages et tout ce qui fermente.

Le lait, après avoir été filtré, est déposé dans des vases larges et peu profonds où l'on évite de l'agiter, sans quoi l'air qui y entrerait le disposerait à tourner. La crème demande des vases à ouvertures étroites bien fermées, afin de la préserver le mieux possible des influences atmosphériques qui la feraient aigrir. Il est préférable d'ailleurs de ne pas la laisser vieillir et de la convertir en beurre au plus tôt, si l'on ne veut pas exposer ce dernier à rancir facilement.

On fabrique le beurre presque toujours au moyen d'une baratte; ce n'est pourtant pas le meillleur système, car la crème s'échappe aisément par le trou et les joints du couvercle, et les mouches réussissent même à pénétrer dans l'intérieur. Le tonnelet placé sur un chevalet, et que l'on met en mouvement à l'aide d'une manivelle, mérite la préférence sur ce premier mode de fabrication. Du reste, l'exposition universelle de 1867 a fait connaître pour cet usage un certain nombre d'appareils, dont quelques-uns à bas prix, et sur la valeur comparative desquels il est facile d'avoir des renseignements dans les fermes bien tenues.

Les fromages fabriqués dans le Nord peuvent se classer en quatre catégories : le *fromage blanc de ferme*, le *fromage de Mons-en-Pévèle*, le *fromage de Maroilles* et le *fromage de Bergues*. Le fromage blanc de ferme est le plus commun. Il se confectionne le plus souvent avec du lait écrémé que l'on fait cailler en y ajoutant une petite quantité de la présure tirée du quatrième estomac des veaux non sevrés. Plus il reste de crème dans le lait, plus ce fromage est délicat. La préparation en est des plus simples et des plus rapides. On dépose le caillé dans un linge d'un tissu peu serré nommé *étamine*, et on le suspend une journée afin d'en séparer complétement tout le petit-lait. Il n'y a plus alors qu'à passer ce fromage au tamis, puis à le saler et le poivrer. Si on veut le manger gras, on le laisse vieillir d'une dizaine de jours. C'est un fromage qui, sans être fin, est très-appétissant lorsqu'il est bien préparé, et il a, en outre, l'avantage de pouvoir être vendu à bas prix. Les fermières de l'arrondissement de Cambrai en rehaussent habituellement le goût en y mêlant les feuilles hachées de l'estragon, plante aromatique appelée plus souvent aragon dans les campagnes. Le petit-lait qui provient de la séparation du caillé sert à nourrir les porcs, usage auquel il convient parfaitement.

Pour la fabrication du fromage de Mons-en-Pévèle, on prend environ 6 litres de lait sortant du pis de la vache ; on y ajoute gros comme une noisette de présure, et on le place dans un lieu chaud pour hâter la formation du caillé. Dès qu'on a obtenu celui-ci, on le renferme dans une boîte en bois, appelée *éclisse*, dont le fond en osier laisse échapper le petit-lait, et on a soin de l'y retourner de temps en temps. Le fromage reste ainsi pendant quelques jours ; on procède alors à la salaison en frottant le fromage des deux côtés avec environ un huitième de litre de sel. Pour l'affiner, on le met à la cave et on le lave avec de la bière. Cette opération se répète à quelques jours d'intervalle, lorsque le fromage est trop sec ou qu'il présente des taches de moisissure. Il prend alors une teinte jaune-nankin; quelques mois après, on le livre à la consommation. Les fermières le fabriquent pendant les mois de septembre et d'octobre; sa renommée tient aux herbages de première qualité qui entourent la commune de Mons-en-Pévèle.

Le fromage de Maroilles se confectionne de la manière suivante. Aussitôt que le lait vient d'être trait, on y mêle de la présure, et, cinq ou six heures après qu'il est caillé, on le place dans des formes en osier, appelées *équinous*, dans lesquelles le petit-lait se sépare du fromage. Lorsque celui-ci est bien égouté, on le met sur des planches, afin qu'il se ressuie, après quoi on le sale en le frottant avec un demi-litre de sel pour 144 fromages pesant chacun 375 grammes. Cette opération terminée, on le pose sur des claies couvertes de paille pour le faire sécher; il y reste environ quatre à cinq semaines, et tous les quinze jours on le retourne; ces diverses façons se pratiquent dans l'intérieur de la laiterie. Lorsque les fromages sont bien secs, on les lave avec une brosse, afin d'enlever la moisissure, et ensuite on les descend à la cave, où ils sont étendus sur des paillassons jusqu'au moment de la vente. Pendant qu'ils se font à la cave, on a soin de les retourner et de les laver de temps en temps ; quelquefois, on les arrose avec de la bière pour leur donner meilleur aspect.

Les fromages de Maroilles se distinguent en *fromages du commerce*, présentant la forme de briquettes quadrangulaires, et en fromages gras, appelés *dauphins*. Ces derniers, d'une qualité supérieure, sont moulés en croissant ; ils sont généralement plus forts en poids que les fromages ordinaires et, toute proportion gardée, leur prix vaut le double ou même le triple de celui des autres. On confectionne une quantité considérable de fromages de Maroilles aux environs de Maroilles et d'Avesnes ; cette industrie est une des richesses du pays.

Pour fabriquer le fromage de Bergues, le plus estimé et le plus cher de tous ceux du Nord, il faut d'abord préparer la présure. A cet effet, on prend 13 caillettes de veau qu'on coupe en petits morceaux ; on y mêle une poignée de sel et on met le tout tremper pendant deux jours dans 2 litres d'eau environ ; le lendemain, on ajoute du sel jusqu'à concurrence de 2 kilogrammes, et de l'eau. On obtient ainsi 2 litres et demi d'une présure dont une cuillerée suffit pour cailler 35 litres de lait. Celui-ci est porté à une température de 20 à 25 degrés, soit en le mettant sur le feu, soit en y mêlant une autre portion de lait d'une température plus élevée. On y verse la présure, et une demi-heure après, une heure au plus, le caillé est formé. On coupe alors la masse en tous sens avec une cuiller et on la presse avec les mains, de manière à la ramasser au fond du vase. Le petit-lait s'enlève avec une sébile de bois. Le caillé, ainsi purgé, est enveloppé dans un linge et tassé dans une forme de bois cylindrique percée de trous latéralement et que l'on place sous une petite presse hollandaise à levier. Le petit-lait tombe dans un baquet, et, après que le fromage est resté 7 ou 8 heures sous la presse, on le retire de la forme, on le débarrasse du linge et on le met à nu dans une autre forme, espèce de sébile percée, à cavité hémisphérique. Il y reste 4 ou 5 jours pendant lesquels il en est retiré chaque matin pour être frotté de sel blanc; en le replaçant dans le moule, on le retourne chaque fois. C'est là qu'il prend sa dernière forme, qui est celle d'une sphère très-aplatie. Le fromage, retiré du moule, est mis sur une planche dans la cave, qui doit rester hermétiquement fermée. On ne s'en occupe plus que pour le retourner et le laver deux fois par semaine. Ce n'est guère qu'au bout de 2 ou 3 mois qu'il est assez fait pour être livré à la consommation. Chaque fromage pèse environ 4 kilogrammes et demi ; il exige pour sa confection 32 litres de lait écrémé.

CHAPITRE SEPTIÈME

Disposition des bâtiments de la ferme. — Cours.

La disposition des bâtiments de la ferme, les uns par rapport aux autres, ne doit pas être l'œuvre du hasard si l'on veut rendre le service commode et la surveillance facile. Soit donc que le cultivateur ait à construire à neuf, soit qu'il ait seulement à approprier d'anciennes constructions, il n'oubliera pas qu'un plan sagement combiné doit présider à ses travaux.

Selon un agronome très-distingué, M. de Gasparin, il est préférable d'établir les bâtiments de la ferme sur une seule ligne toutes les fois que leur développement ne mesure pas plus de 32 mètres. Dans cette disposition, les ouvertures principales regardent le midi. Entre 32 et 50 mètres, on les établit sur deux lignes parallèles espacées l'une de l'autre de 16 mètres au moins. Entre 50 et 75 mètres, deux ailes sont établies de chaque côté et en avant de la maison d'habitation ; l'aile de l'ouest, dont les ouvertures regardent le levant, est destinée aux écuries et aux étables, tandis que l'aile de l'est comprend la grange et le hangar. Enfin, lorsque l'étendue des bâtiments atteint ou dépasse 75 mètres, on ferme le carré par les bergeries.

Le fournil, la porcherie et le poulailler se trouvent en dehors de cet ensemble de constructions.

En ce qui concerne les cours, on ne peut trop s'attacher à y faire régner l'ordre et la propreté. Une sage maxime dit qu'il faut une place pour chaque chose et que chaque chose soit à sa place. C'est surtout ici que cette recommandation trouve une utile application, car c'est un excellent moyen de savoir où prendre ce dont on a besoin. Les instruments aratoires qui ne servent pas pour le moment, au lieu de traîner partout, doivent être remisés dans les hangars où ils se conservent mieux qu'à la pluie ou au soleil. D'ailleurs, quand tout est bien rangé, cela donne aussitôt à la ferme un air d'aisance qui inspire la confiance et fait avoir bonne idée du chef de l'exploitation.

Les tas de fumier, si ordinairement négligés, méritent une attention particulière. S'ils sont installés et entretenus avec les soins recommandés dans la première partie de cet ouvrage, il sera au moins permis de passer dessus sans courir le risque d'y prendre un bain de purin, comme cela pourrait arriver dans bien des fermes.

Les angles de la cour sont souvent occupés par les hangars mentionnés plus haut. Ces constructions sont presque toujours adossées à d'autres, telles que les granges ou un mur de clôture, afin de les établir dans des conditions **aussi** économiques que possible. Elles servent à remiser le matériel de l'exploitation et contiennent ordinairement aussi la paille pour les besoins courants.

A propos de ces bâtiments, remplis la plupart du temps de matières très-inflammables, ainsi que ceux qui les avoisinent, nous ne saurions recommander de trop grandes précautions pour éviter l'incendie. Mais cela ne suffit pas, et la prudence commande encore au cultivateur de faire assurer par une compagnie sérieuse sa ferme tout entière, y compris les récoltes qu'elle renferme. Cette sage mesure ne lui coûtera qu'un mince sacrifice annuel et lui permettra d'échapper à la ruine en cas de sinistre.

CHAPITRE HUITIÈME

Comptabilité agricole.

Trop souvent le cultivateur dirige son exploitation, achète ou vend, sans jamais se préoccuper, à la fin de chaque année, s'il a perdu ou gagné, c'est-à-dire, si les produits de sa ferme ont été suffisamment rémunérateurs pour l'indemniser avec bénéfice des dépenses qu'il a faites et des peines qu'il s'est données. Il arrive quelquefois ainsi à la ruine, tout en travaillant beaucoup, faute de n'avoir connu que trop tard, par une négligence volontaire, les vices de sa gestion. Cette marche au hasard ne convient pas à un fermier soucieux de ses intérêts. Il est indispensable, pour faire de bonnes affaires, qu'il sache nettement et avec toute la brutalité des chiffres, s'il avance ou recule, si sa fortune, en agissant de telle ou telle manière, a augmenté ou diminué, afin de régler en conséquence et de modifier, s'il le faut, sa conduite ultérieure.

Pour arriver à un résultat si important, il suffit d'avoir un registre dont la tenue est des plus simples. On le divise en deux parties : dans la première on inscrit toutes les *dépenses*, dans la seconde toutes les *recettes*; à la fin de l'année, on fait la balance. On ne doit naturellement pas tenir compte de tout ce qui est prélevé dans la ferme soit pour la nourriture des personnes, soit pour celle des bestiaux, soit enfin pour les semences. Lorsqu'il n'y a pas gaspillage, ce prélèvement n'est, en effet, que la juste compensation, le salaire, si l'on veut, du travail fourni par le personnel et les animaux de la ferme. Il faut donc évidemment, pour n'être pas en perte, qu'en dehors de ces frais d'entretien, le cultivateur puisse, par la vente du reste de ses produits, rentrer largement dans les avances en argent qu'il a faites. Ceci établi, voici comment peut être divisé le registre de comptabilité [1] :

Première partie.

DÉPENSES

Chapitre I.

Fermages.   .   .   .   .   .   .   »   »

Chapitre II.

Impôts.   .   .   .   .   »   »

Chapitre III.

Matériel (charronnage, maréchallerie, sellerie, entretien des bâtiments).

Chapitre IV.

Achat de bétail.   .   .   .   .   .   »   »

Chapitre V.

Achat d'engrais; frais de drainage. .   »   »

Chapitre VI.

Achat de semences.   .   .   .   .   »   »

Chapitre VII.

Domestiques et ouvriers.   .   .   .   »   »

Total des dépenses.   »   »

[1] Pour familiariser les élèves avec ce travail de comptabilité, d'ailleurs bien simple, l'instituteur fera détailler avec des chiffres, les dépenses ou les recettes de chaque chapitre. Il y aura ainsi plus de chance que les enfants conservent plus tard dans la vie agricole une habitude contractée sur les bancs de l'école.

Deuxième partie.

RECETTES

Chapitre I.

Vente des produits récoltés (blé, lin,
betteraves, etc.).   .   .   .   .   »   »

Chapitre II.

Vente de bétail et de volaille.   .   .   »   »

Chapitre III.

Vente de beurre, fromage, lait, œufs,
laine des moutons. .   .   .   .   »   »

Total des recettes.   »   »

Si de ces recettes, on retranche les
dépenses. .   .   .   .   .   .   »   »

Le bénéfice net du fermier est.   .   »   »

CONCLUSION

Jeunes amis, les conseils qui vous sont donnés dans ce livre, en vue d'éclairer votre marche dans la carrière de cultivateur, doivent vous faire comprendre que cette noble et utile profession exige comme d'autres, et plus que d'autres, peut-être, des connaissances variées. Redoublez donc d'ardeur pour l'étude ; c'est le seul moyen d'acquérir le savoir sans lequel vous ne réussirez que fort difficilement à bien faire vos affaires. Lisez, lisez sans cesse, surtout quand vous aurez quitté les bancs de l'école. Un bon livre est un ami qui ne se lasse pas de nous répéter d'excellentes choses.

Lorsque vous serez fermiers, rompez avec la routine, qui a arrêté pendant des siècles et ralentit encore actuellement les progrès de l'agriculture. Sans doute, vous auriez tort d'accueillir à la légère toutes les innovations, mais ne les repoussez pas non plus de parti pris. Parce qu'une chose ne s'est jamais faite jusqu'à notre époque, cela ne prouve pas qu'elle est nécessairement mauvaise. On étudie, on examine, on essaie en petit un nouveau système qui paraît bon, et on l'adopte définitivement si l'expérience lui a été favorable. Prenez d'ailleurs en cela conseil des cultivateurs plus instruits que vous ou qui vous ont précédés dans la voie que vous voulez suivre.

En résumé, ne perdez jamais de vue, qu'en agriculture, la vraie et utile sagesse ne consiste pas à subir le progrès en rechignant, parce qu'il dérange de vieilles habitudes ou s'écarte d'usages séculaires, mais bien plutôt à aller au-devant et à en profiter avec empressement.

FIN

APPENDICE

APPENDICE

FORMULAIRE

CONTENANT LE MODÈLE DES PRINCIPAUX ACTES SOUS
SEING PRIVÉ EN USAGE DANS LES CAMPAGNES.

NOTA. Dans tout acte sous seing privé qui n'est pas écrit par
les parties contractantes, il est nécessaire que la signature de
chacune d'elles soit précédée de ces mots écrits de leur main :
approuvé l'écriture ci-dessus. Si l'une des parties écrit l'acte,
l'autre ou les autres doivent observer cette formalité. Le ministère
d'un notaire est indispensable lorsque les parties ne savent pas
signer.

BAIL DE TERRE.

Entre les soussignés :

Pierre-Joseph Dubois, propriétaire, demeurant à
Douai, rue des Carmélites, d'une part ;

Et François Thénard, cultivateur à Sin, d'autre part ;

Il a été convenu ce qui suit :

M. Pierre-Joseph Dubois donne à bail à M. François
Thénard, qui accepte, pour neuf années consécutives
qui commenceront après la récolte enlevée de mil huit
cent soixante-dix, et finiront après la récolte enlevée
de mil huit cent soixante-dix-neuf:

Une pièce de terre labourable contenant quarante-deux ares quatre-vingt-douze centiares, située près le chemin de Dechy, tenant d'une lisière à M. Louis Henriot, d'autre lisière à M. André Rousseau, tous deux domiciliés à Sin, d'un bout à Mme veuve Pichon, domiciliée à Dechy, et d'autre bout audit chemin de Dechy.

Le bail est fait aux charges et conditions suivantes, que le preneur s'oblige à exécuter :

1° De bien cultiver, labourer, fumer et ensemencer ladite pièce de terre en temps et saison convenables ;

2° De payer au bailleur, en sa demeure, un fermage annuel de cent francs, le trente novembre de chaque année, à partir de mil huit cent soixante-onze, jusques et y compris mil huit cent soixante-dix-neuf ;

3° De payer en outre et en sus du fermage ci-dessus stipulé toutes les contributions dont ladite pièce de terre est ou pourra être grevée ;

4° De ne pouvoir céder son droit au présent bail, ni sous-louer en tout ou en partie sans le consentement exprès et par écrit du bailleur, à peine de résiliation si bon semble à celui-ci, et de tous dommages-intérêts ;

5° Enfin, de payer les frais d'enregistrement du présent bail.

En foi de quoi le bailleur et le preneur ont apposé ci-dessous leurs signatures.

Fait double à Douai, le premier juillet mil huit cent soixante-dix.

Signé : Pierre-Joseph DUBOIS.

Approuvé l'écriture ci-dessus.

François THÉNARD.

RENOUVELLEMENT DE BAIL.

Entre les soussignés,

A été convenu ce qui suit :

Le bail écrit ci-dessus est renouvelé pour neuf autres années faisant suite sans interruption à l'année mil huit cent soixante-dix-neuf et qui finiront après la récolte enlevée de mil huit cent quatre-vingt-huit, aux mêmes prix, charges et conditions que renferme le susdit bail.

Fait double à Douai, le trente novembre mil huit cent soixante-dix-neuf.

(Signatures du bailleur et du preneur.)

QUITTANCE DE FERMAGE.

Je, soussigné, Pierre-Joseph Dubois, propriétaire, demeurant à Douai, reconnais avoir reçu de M. François Thénard, cultivateur à Sin, la somme de cent francs, montant du terme échu de son fermage pour l'année mil huit cent soixante-onze.

Douai, le 30 novembre 1871.

Signé : Pierre-Joseph DUBOIS.

VENTE DE RÉCOLTES.

Entre les soussignés :

François Thénard, cultivateur à Sin, d'une part ;

Et Henri Mériaux, brasseur au même lieu, d'autre part ;

Il a été convenu ce qui suit :

M. François Thénard vend sur pied à M. Henri Mériaux, qui accepte, la récolte d'orge qui existe sur une pièce de terre qu'il occupe près le chemin de Dechy, tenant d'une lisière à M. Louis Henriot, d'autre lisière à M. André Rousseau; d'un bout à Mme veuve Pichon, et d'autre bout audit chemin de Dechy.

Ladite vente est consentie pour la présente année, moyennant le prix de .... francs que M. Henri Mériaux s'oblige à payer d'ici le premier octobre prochain à M. François Thénard, sans aucun recours contre celui-ci en cas de sinistres ou avaries de quelque nature que ce soit.

Fait double à Sin, le premier juillet mil huit cent soixante-onze.

Signé : François THÉNARD.
Approuvé l'écriture ci-dessus.
Henri MÉRIAUX.

PROCURATION POUR TOUCHER UNE SOMME.

Je, soussigné, François Thénard, cultivateur à Sin, donne par la présente procuration, pouvoir à M. Louis Dourlez, demeurant à Sin, de recevoir en mon nom de M. Lecat, grainetier à Lille, la somme de cinq cents francs qu'il me doit pour grains que je lui ai vendus le 6 août dernier, et d'en donner quittance.

Sin, le 15 décembre 1870.

Signé : François THÉNARD.

RECONNAISSANCE DE DETTE.

Je, soussigné, Charles Landry, marchand à Sin, reconnais devoir à M. Pierre-Joseph Dubois, aussi soussigné, propriétaire, domicilié à Douai, la somme de *deux mille francs* qu'il m'a prêtée, et que je

m'oblige à lui rembourser en sa demeure, le quinze
juin mil huit cent soixante-treize; et, jusqu'au remboursement effectif, de lui en servir les intérêts sur le
pied de cinq pour cent par an, à compter de ce jour.

Dans le cas où je ne paierais pas un terme des
intérêts, à son échéance, M. Pierre-Joseph Dubois
pourra exiger le remboursement de ladite somme de
deux mille francs et des intérêts qui seront alors échus,
après une sommation restée infructueuse dans le mois
de sa date.

Bon pour la somme de deux mille francs.

Douai, le quinze juin mil huit cent soixante-dix.

Signé : Pierre-Joseph DUBOIS.

Approuvé l'écriture ci-dessus.

Charles LANDRY.

ACTE DE CAUTIONNEMENT.

Entre les soussignés :

M. Pierre-Joseph Dubois, propriétaire à Douai,

Et M. François Thénard, cultivateur à Sin,

Il a été convenu ce qui suit :

M. François Thénard déclare se rendre caution de
M. Charles Landry, marchand à Sin, pour paiement
de l'obligation de la somme de *deux mille francs* sous-
crite par ce dernier au profit de M. Pierre-Joseph
Dubois, à la date du quinze juin mil huit cent soixante-
dix.

En conséquence, M. François Thénard s'oblige au
paiement de ladite somme de deux mille francs envers
M. Pierre-Joseph Dubois, ainsi que des intérêts et de

tous autres accessoires qui pourront en être dus, le tout ainsi que ledit sieur Charles Landry y est obligé, au cas où ce dernier ne remplirait pas son engagement, mais toutefois après que la discussion de ses biens aura été faite.

Douai, le quinze juin mil huit cent soixante-dix.

Signé : Pierre-Joseph DUBOIS.

Approuvé l'écriture ci-dessus.

François Thénard.

QUITTANCE D'INTÉRÊTS.

Je, soussigné, reconnais avoir reçu de M. Charles Landry, marchand à Sin, la somme de cent francs pour une année échue le quinze juin mil huit cent soixante-onze, des intérêts de la somme de deux mille francs qu'il me doit, aux termes d'une reconnaissance en date du quinze juin mil huit cent soixante-dix. Dont quittance.

Douai, le 17 juin mil huit cent soixante-onze.

Signé : Pierre-Joseph Dubois.

BILLET A ORDRE.

Sin, le 1er juillet 1870.   B. P. 500 fr. 00 cent.

Au premier octobre prochain, je paierai à M. Auguste Ringot, négociant à Douai, ou à son ordre, la somme de *cinq cents francs*, valeur reçue en marchandises.

Signé : Charles LANDRY, marchand à Sin.

CONSTITUTION D'UNE RENTE VIAGÈRE.

Les soussignés,

François Thénard, cultivateur, et dame Joséphine Merlin, son épouse, demeurant à Sin, d'une part;

Et Auguste Blok, rentier, demeurant au même lieu, d'autre part;

Sont convenus de ce qui suit :

M. et Mme Thénard créent et constituent sur la tête et au profit de M. Blok, qui accepte, une rente annuelle et viagère de *mille francs*, exempte de toute retenue.

Laquelle rente ils promettent et s'obligent conjointement et solidairement entre eux, de payer exactement audit sieur Blok, en sa demeure, à Sin, de trois en trois mois, à compter de ce jour jusqu'au décès dudit sieur Blok, époque à laquelle ladite rente sera éteinte et amortie au profit de M. et Mme Thénard ou de leurs représentants, qui auront droit au trimestre de cette rente, dans lequel le décès arrivera.

Il demeure expressément convenu, comme conditions essentielles du présent acte :

1° Que M. Blok sera dispensé de fournir un certificat de vie pour toucher les arrérages de sa rente, tant qu'il demeurera à Sin.

2° Que si les débiteurs laissent s'écouler un mois sans acquitter un trimestre échu des arrérages de ladite rente viagère, M. Blok pourra, si bon lui semble, exiger le remboursement du capital de dix mille francs, moyennant lequel elle est constituée; et ce, après un simple commandement resté infructueux dans le mois de sa date, en énonçant l'intention dudit rentier à cet égard ; auquel cas lesdits arrérages payés et échus jusqu'au jour dudit remboursement du capital seront acquis à M. Blok à titre de dommages-intérêts.

La présente constitution est faite moyennant la somme de *dix mille francs* que M. Blok a versée à l'instant entre les mains de M. et Mme Thénard, qui le reconnaissent et lui en donnent quittance.

Fait double à Sin, le quinze juillet mil huit cent soixante-dix.

Signé : Auguste BLOK.

Approuvé l'écriture ci-dessus.

François THÉNARD.

Approuvé l'écriture ci-dessus.

Joséphine MERLIN, femme Thénard.

TESTAMENT OLOGRAPHE.

Je, soussigné, Pierre-Joseph Dubois, propriétaire, demeurant à Douai, déclare instituer pour mon légataire universel mon neveu Victor Dubois, avocat à Douai, pour qu'il soit mis en possession de tous mes biens, meubles et immeubles, tels qu'ils seront et se poursuivront au moment de mon décès.

A la charge par mon dit légataire de fournir une rente viagère de la somme annuelle de *six cents francs*, payable de trois en trois mois à Jeanne Vitoux, qui m'a servi fidèlement pendant plus de trente-cinq ans.

Et j'ai écrit et signé les présentes dispositions comme étant l'expression de mes dernières volontés.

Fait à Douai, le deux novembre mil huit cent soixante-dix.

Signé : PIERRE-JOSEPH DUBOIS.

TESTAMENT AVEC PARTAGE.

Je, soussigné, François Thénard, cultivateur à Sin, voulant éviter des contestations entre mes deux enfants, François et Pauline, sur le partage des biens que je leur laisserai après ma mort, ai réglé par le présent testament la portion de ma succession qui reviendra à chacun d'eux.

1° Mon fils, François Thénard, aura la ferme avec le mobilier et les bestiaux qui la garnissent ou la garniront au moment de mon décès, le tout évalué par moi à neuf mille francs.

Je lègue en outre à mon dit fils toutes celles de mes terres qui sont situées aux lieux dits *le Marais*, *les Grands-Arbres*, *le Calvaire* et *les Quatre-Chemins*, présentant toutes ensemble une contenance de huit hectares vingt-six ares, que j'estime soixante-quatre mille francs.

2° Ma fille, Pauline Thénard, aura toutes celles de mes terres qui sont situées aux lieux dits *les Grosses-Bornes*, *les Tourbières*, *le chemin de Waziers*, *le Godion* et *la Fosse-Gayant*, présentant toutes ensemble une contenance de neuf hectares quarante-deux ares quatre-vingt-douze centiares, que j'évalue à soixante-treize mille francs.

A la charge par mes deux enfants de fournir par égales portions une rente viagère de la somme annuelle de deux cent cinquante francs à Joseph Vérin, qui m'a servi fidèlement pendant plus de trente ans.

Et j'ai écrit et signé les présentes dispositions comme étant l'expression de mes dernières volontés.

Fait à Sin, le vingt décembre mil huit cèht soixante-dix.

Signé : François THÉNARD.

TABLE DES MATIÈRES

DEUXIÈME PARTIE. — HORTICULTURE.

TROISIÈME PARTIE. — TENUE INTÉRIEURE DE LA FERME.

APPENDICE.

— LILLE. TYP. J. LEFORT. MDCCCLXXII —